これからの
AI×
Webライティング
本 格 講 座
AI × WebWriting

ChatGPTで
超 時 短 ─●─ 高 品 質
コ ン テ ン ツ 作 成

瀧内 賢【著】

秀和システム

※本書は2023年7月現在の情報に基づいて執筆されたものです。
本書で取り上げているソフトウェアやサービスの内容は、告知無く変更になる場合があります。あらかじめご了承ください。

はじめに

　AI技術が進化する中、ビジネスシーンでの活用方法や取り組み方が変わってきています。そして、これらの変化を理解し、有効に利用することで、新たなライティングの可能性を広げていきます。

　本書では、AIの一種であるChatGPTとその活用について、そのベストプラクティスとともに詳しく解説します。ChatGPTは、OpenAIによって開発され、人間のような文章を生成する能力を持っています。この特性を上手く活用することで、Webライティングの質を高め、効率的な作業が期待できます。

　ただ、AI活用には注意点もあります。高度な技術を有している一方で、その生成結果は人間の指示に左右されます。この「指示」を「プロンプト」といい、AIに対する指示や要求のことを指します。出力は、このプロンプトに大きく影響を受けることになります。

　つまり、AIは人間の指示に応じて、良くも悪くも結果を生成するわけです。そのため、プロンプトの作成が今後重要な鍵となります。

　そして、このプロンプト作成には、「形式」、「言葉」、「書き方」という3つの観点が重要です。形式とは、どのような形でAIに指示を出すか、言葉とはどのような表現を用いるか、そして、書き方とはその両者をどのように組み合わせてAIに伝えるかということを指します。これらの観点を理解し、活用することで、より精度の高い結果を得ることができるようになります。

くわえて、人間のような文章を生成するChatGPTのことを理解し、人間の感情や視点を持たせることで、より自然な文章を生成していきます。AIに人間の視点を持たせることは、その出力結果をより人間らしいものにするための有効な手段となります。

自己流のプロンプトでも一定の結果をもたらしますが、『GPTのベストプラクティス（OpenAI）』や『Prompt Engineering Guide（DAIR.AI）』などで提唱されたガイドラインに準ずることで、生成結果のレベルをさらに上げることもできるのです。

さらには、ChatGPT自体に指示を求め、フィードバックを得ることで、より質の高いプロンプトを作成することもできます。AIとの対話を通じて理解を深めることは、より良いWebライティングを生み出すうえで不可欠なスキルとなります。AIと共に学ぶことで、その可能性を追求していく一助となります。

最後に、本書をきっかけに、皆様がAIとの共創による新たなWebライティングの世界を開拓する手助けになることを願っています。どうぞゆっくりと、本書と向き合ってみてください。

2023年7月

瀧内 賢

目　次

第 4 章 ChatGPT による Web ライティングの応用
応用編：便利な拡張機能の利活用やより複雑な利用方法

第 5 章 コンテンツの品質向上に活かせるツールの紹介
文章を仕上げる工程において活かせるツール

第 **1** 章

これからの Web ライティング とは？

AIと対話しながら
作成する時代へ…

1.1

Webライティングは
AIとの共同作業の時代へ

● この節のポイント ●

▶ AIで質の高いコンテンツを作成できる
▶ AIで作業を時短できる
▶ AI活用の注意点とは?

●AIの進化がもたらすWebライティングの変化

　現代、Web上での情報発信はますます重要となっています。企業や個人のWebサイト、SNS、ブログ、メールマガジンなど、さまざまなコンテンツがあふれており、競争も激化しています。このような状況において、人々に注目されるためには、質の高いコンテンツを提供する必要があります。質の高いコンテンツを提供することで、Webサイトの訪問者数が増え、ビジネスにつながることが期待できます。

　そして今、AIとWebライティングが融合した新しい時代が到来しています。WebライティングにAIを活用することで、より高品質なコンテンツ作成が可能となります。具体的には、AIがタイトルを自動的に抽出し、そのタイトルにもとづいた自然で流暢な文章を生成することができます。これにより、私たちはタイトルの選定やそれに基づく文章作成に悩む必要がありません。今まで頭を悩ませて文章を作成していた作業が効率化できることは大きなメリットです。Webライティングに慣れていない人でも、AIの支援を受けながら、質の高いコンテンツを作成することができるのです。

　また、Webライティングの作業効率自体も大幅に向上します。例えばAI

により、自動的に類似の文章をまとめたり、文章の構成を手直しすること
ができます。

ここからは、1.2で後述する「ChatGPT」を用いて説明していきます。

▼図1-1-1　文章の要約を指示した例

下記文章を要約してください。

"""言語やコミュニケーションにおいて、コンテキストは重要な要素です。単語や文章の意味や意図は、その
文脈や状況によって大きく変わることがあります。例えば、「昨日、彼に会った」という文は、その文が言われ
た時点での情報や会話の背景によって意味が変わります。もし話し手が特定の場所での出来事を指して
いる場合、そのコンテキストが明確でなければ、聞き手は正確に理解することができません。

コンテキストは、文脈や状況を明確にするために、会話や文章での補足情報や背景知識を提供することで
構築されます。コミュニケーションにおいては、コンテキストを共有することが重要であり、相手が情報を正しく
理解できるようにするために、適切な情報や説明を提供する必要があります。

また、情報の解釈や判断においてもコンテキストは重要です。特定の情報やデータを理解するためには、そ
れがどのような背景や状況で得られたのかを考慮する必要があります。コンテキストの欠如は、誤解や誤っ
た結論へと導く可能性があります。

総括すると、「コンテキスト」とは、情報や事象を理解するために必要な背景や状況を指し、言語とコミュニ
ケーションにおいて重要な役割を果たします。"""

↻ Regenerate response

▼図1-1-2　文章を要約した例

コンテキストは言語やコミュニケーションにおいて重要な要素であり、単語や文章の意味や意図は文脈や状
況によって変わることがある。コンテキストは会話や文章で提供される補足情報や背景知識によって構築さ
れ、共有されることが重要である。情報の解釈や判断においてもコンテキストは重要であり、特定の情報や
データを理解するためには、それが得られた背景や状況を考慮する必要がある。コンテキストの欠如は誤解
や誤った結論につながる可能性がある。結論として、「コンテキスト」とは情報や事象を理解するために必要
な背景や状況を指し、言語やコミュニケーションにおいて重要な役割を果たす。

↻ Regenerate response

ChatGPTに指示をしただけで、要約が完成しました。コンテンツ作成の
時間を大幅に削減することができます。

このようにAIとWebライティングを融合することにより、より高品質
かつ効率的なコンテンツ作成が可能になるのです。

1

これからのWebライティングとは？

▼図1-1-3　AIとの共同作業

　AIの進化により、Webライティングの分野は今後大きく変化していくことが予想されます。ライティングの経験が乏しい人でも、効率的に文章作成ができるのがAI活用の利点です。

　質の高いコンテンツを作成するために、プロのライターのようなスキルを持たなくても、AIを上手に活用することで事足りるケースが多くなるはずです。

●AI活用のメリット

　AIがもたらすWebライティングの新しい可能性は多岐にわたります。自動的に記事を生成することができるため、今までよりも多くの時間を、その他の仕事や生成記事の編集に費やすことができます。

　文章の構成を改善させることもできます。例えば、AIは膨大な量のデータや情報を素早く処理できるため、多くのパターンや統計的な傾向を分析することができます。よって一般的な文章の構成や読みやすさに関する

ルールを把握し、適切に手直しすることができるのです。

　また、個別の文脈や目的に応じて柔軟に対応し、特定の読者層やテーマに合わせた文章の構成やスタイルを生成することができます。

　人間が行う場合には、創造性や感性、独自の視点などが重要な要素となり、AIが生成できないものを生み出すこともできますが、一方で人間とAIでは、作業にかかる時間に圧倒的な差があります。

　だからこそ、AIと人間が協力して文章を勘案することで、効率とクオリティの両方を追求することが可能です。AIの高速な処理能力と統計的な分析による提案と、人間の創造性や経験に基づく独自性が組み合わさることで、より優れた文章作成が実現できるのです。

　さらに、自動的に文章の文法ミスやスペルミスを修正したり、文章を読みやすくすることもできます。

▼図1-1-4　文章の改善指示例

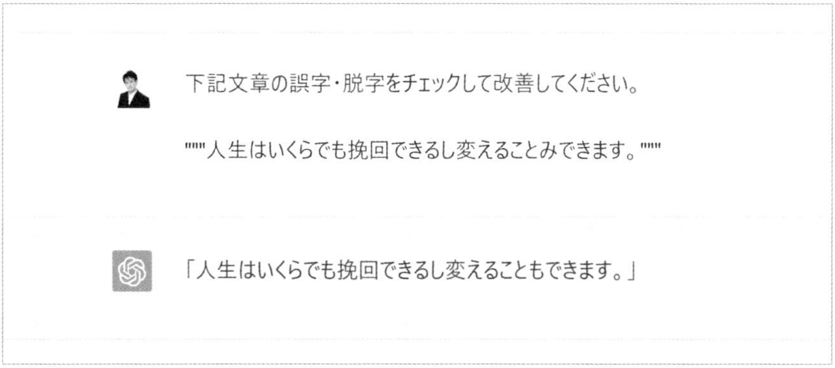

下記文章の誤字・脱字をチェックして改善してください。

"""人生はいくらでも挽回できるし変えることみできます。"""

「人生はいくらでも挽回できるし変えることもできます。」

「変えることみ」→「変えることも」と、誤字を改善することができました。
その他、読み手にとってより分かりやすい表現に変換することも可能です。

▼図1-1-5 読み手に分かりやすく丁寧なトーンを指示した例

下記文章を、丁寧な調で、読み手にとってより分かりやすい表現に改善してください。

"""瀧内 賢(たきうち　さとし)です。

ネット社会の今、"ホームページの所有はあたりまえ"、そんな時代に来ているのかもしれません。
しかし、『持っている』だけで、果たしてその体をなしていると言えるのでしょうか？
折角インターネットで集客しようと試みても、入り口であるべき門が閉まっている……なんてことはありませんか？
これは、見てもらえていないホームページのことです。検索しても、いっこうに表示されることがないのです！
そして、これを解決する為に必要なのが、SEOの知識です。"""

↻ Regenerate response

▼図1-1-6 指示に対する生成結果

私は瀧内賢（たきうちさとし）です。

現在のインターネット社会において、「ホームページを所有することは当たり前」という時代になってきたかもしれません。しかし、単に所有しているだけで、本当にその役割を果たしていると言えるでしょうか？
せっかくインターネットを活用して集客しようと試みても、ホームページの入り口であるべき門が閉まっている状況になったことはありませんか？
それは、見てもらえていないホームページのことを指しています。検索しても、まったく表示されないのです！
そして、この問題を解決するためには、SEO（検索エンジン最適化）の知識が必要です。

　このような機能により、文章の質を向上させるために費やす時間を大幅に減らすことができ、より多くのコンテンツを効率的に作成することができます。

●AI利活用の注意点とは？

　AIは自動的に文章を生成することができますが、その文章が必ずしも正確で適切なものであるとは限りません。特に、AIが学習するためのデータやアルゴリズムが正しくない場合、誤った情報を生成してしまうことがあります。

　そのため、AIが作成した文章を、人間が常に適切にチェック、編集することが必要です。

　AIを使ったWebライティングの進化により、より高品質で効率的なコンテンツの作成が可能になりましたが、まだ新しい分野であり、利用方法を理解し、適切に活用することが重要なのです。

　適切に活用するためにも、ここからは、ChatGPTの注意点について記載します。これは実際にChatGPTに聞いてみた質問で、回答は次の通りです（※一部掲載）。

- 2021年9月以前の情報に基づいて学習されたモデルであるため、最新の情報に関する正確性が保証されていない可能性があります。
- 一般的な知識を持っているため、固有名詞に関する正確な情報を提供できない場合があります。
- 人工知能によって動作しているため、時には理解できない意味不明な回答を返すことがあります。
- あくまでも機械による応答であり、人間の感情や意見を持っていないため、人間と同様の情報提供や判断はできません。
- 回答は、与えられた入力に対する統計的な予測に基づいています。したがって、回答が常に正確であるわけではありません。
- 公正かつ中立的な情報提供を目指していますが、時には偏見やステレオタイプに基づく回答を返すことがあります。
- 機械学習によって自然言語処理を行うため、回答が完全ではない場合があります。
- 倫理的な側面も考慮してトレーニングされていますが、完全な倫理的判断を行うことはできません。
- 情報を自動生成することができるため、誤った情報が含まれる場合があります。

　この回答から、著者は次のように考えています。

　効果的に利用するためには、ChatGPT の制約と注意事項を認識し、その情報を補完する必要があります。最新の情報や固有名詞に関しては、他の信頼性の高い情報源を参照することが重要です。

　また、回答が統計的な予測に基づいていることを理解し、その結果を参考にしつつ、検証を行うことが大切です。

　さらに、公正性や中立性に関しても注意を払い、偏見やステレオタイプを排除するよう努めることが望ましいです。

　総合的に、ChatGPT の回答を補完し、情報の信頼性と適切性を確保するために、人間の判断と他の情報源の活用が必要です。

　これらの弱点を踏まえた ChatGPT との付き合い方は、次のようなものであると言えます。

- 回答は、一旦参考程度に留め、必要に応じて他の情報源と照らし合わせるなど、判断材料として活用する
- 固有名詞に関する回答については、正確性について確認するため、複数の情報源を参照するなど、自己判断を行う
- 回答を利用する場合は、信頼性についても考慮し、適切な使用を心がける

　このような点を踏まえ、私たち人間が AI をコントロールしていくことが求められています。

1.2

新たな産業革命到来！
ChatGPTをはじめてみよう！

─────● この節のポイント ●─────

▶ ChatGPTとは？
▶ ChatGPTの始め方について
▶ ChatGPTはGoogle Chromeブラウザを使用する

● ChatGPTとは？

　ChatGPTとは、OpenAIが開発した、コンピューターが人間のように知能を持つことを目指した「自然言語処理技術」の一つです。

　自然言語処理という技術を使って、人間のように話したり文章を書いたりすることができます。例えば、チャットボットや音声アシスタントなどに使われています。

　ChatGPTは、大量の文章を学習して、人間が書いた文章に似た文章を生成することができます。つまり、ChatGPTは人間の言葉を理解して、それに対して返答を生成することができるのです。

　ただし、生成する文章は、時には間違っていることもあります。そのため、人間が生成した文章と同じように完璧ではありません。

　また、文章を生成するための「プロンプト」（入力情報　※1.4で後述します）を与えることで、そのプロンプトに基づいた自然な文章を生成することができます。翻訳や文章生成など、さまざまな分野で活用されています。

▼図1-2-1　ChatGPTの入力画面

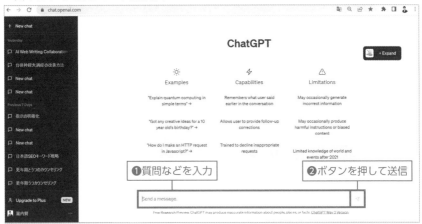

　下にある「Send a message.」に質問などを入力のうえ［Enter］キーを押すか、右側にある「紙飛行機ボタン」を押すと回答してくれます。

　なお、使用するうえでの注意点があります。経験上、［Enter］キーを間違って押してしまうことが多くあり、質問途中にもかかわらず回答が始まってしまうことから、メモ帳など他のエディターに質問などをまとめて書いた後に、全体をコピー＆ペーストする方法を推奨します。

●ChatGPTの始め方

　これから始める場合は、Googleで「chatgpt」などのように検索すると「Introducing ChatGPT」というWebサイトが表示されますので、こちらから新規手続きを行います。

▼図1-2-2 ChatGPTの検索画面

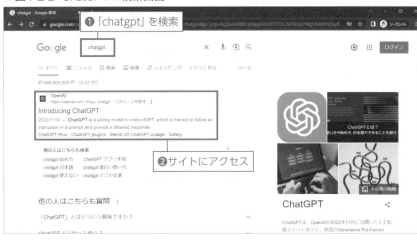

Webサイトを開いて、左下の「Try ChatGPT」ボタンから「Sign up」の順番で手続きを行っていきます。

▼図1-2-3 開設の流れ1

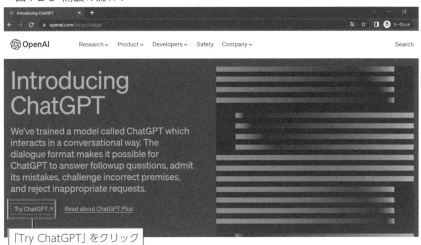

その後「Email address」または、その他「Google」などのログインで登録作業が完了です。

▼図1-2-4 開設の流れ２

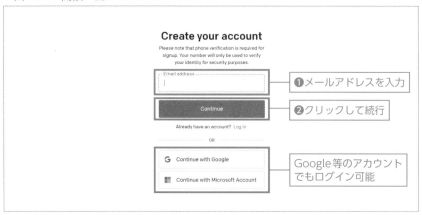

なお、使用するブラウザについては、Google Chrome ブラウザを推奨します。

理由は、後述する「ChatGPT拡張機能（ChatGPTをさらに利活用できるGoogle Chromeおすすめアドオン）」を使用するためには、Google Chromeを利用する必要があるからです。他のブラウザでも利用可能な場合がありますが、公式にサポートされているのはGoogle Chromeのみです。

ChatGPTで何ができるの？
その特徴や活用事例について

● この節のポイント ●

▶ さまざまなシーンでの利活用について

▶ 無料版ChatGPTでも使い方次第…

●ChatGPTを使い倒す

ChatGPTは人工知能の一種であり、自然言語処理によって人間との会話をシミュレートすることができます。

特徴は、より自然な会話ができることです。例えば、人間が話すように、会話の流れに合わせて適切な返答を生成することができます。

また、大量のデータを学習することができるため、あらゆる分野の情報に対して回答を生成することが可能です。

Webでの活用事例としては、カスタマーサポート、自動翻訳、自動要約、文書生成などがあります。特に自然言語処理における難しい課題を解決するためのツールとして、重要性を増しています。

事例：カスタマーサポートにおけるChatGPTの活用

> **問い：**
> ある企業は、カスタマーサポートでChatGPTを活用することを検討しています。顧客の問い合わせに対して、正確かつ迅速な回答を提供するための方法を生成してください。

生成結果の一例:

顧客からの問い合わせに対して、正確かつ迅速な回答を提供するために、以下の方法を試してみてください。

1.FAQの充実：よく寄せられる質問を整理し、FAQページを作成しましょう。ChatGPTは、類似の問い合わせに対して適切な回答を提供できます。

2.プレースホルダーの活用：一般的な問い合わせに対して、回答のテンプレートを作成し、プレースホルダーを適切な情報で埋めることで、迅速な回答を提供できます。

3.エスカレーションの判断基準：ChatGPTが対応できない複雑な問題や重要な問い合わせについては、適切な部署や担当者にエスカレーションする基準を設けましょう。

4.トレーニングデータの更新：ChatGPTを継続的にトレーニングし、新しい問い合わせや回答パターンに対応できるようにしましょう。

▼図1-3-1　あらゆる分野の回答生成をAIに任せる時代に…

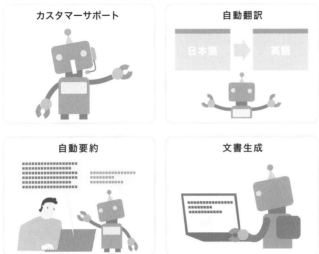

現在、無料版のChatGPTではGPT-3.5のモデルが使用されており、一方で有料版のChatGPT Plusではより進化したGPT-4のモデルを利用することができます。

GPT-4のモデルを利用する場合は、『Upgrade to Plus　NEW』ボタンからChatGPT PlusUSD $20/mo　の『Upgrade plan』ボタンを押して、クレジットカード情報を入力します。

▼図1-3-2　Upgrade to Plus　NEW

これからのWebライティングとは？

▼図1-3-3　ChatGPT PlusUSD $20/mo の Upgrade plan

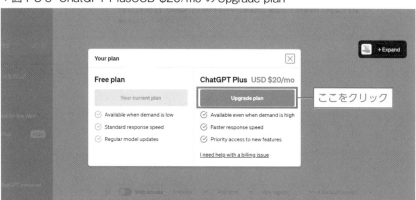

　なお本書では、無料版のChatGPTを使用して、より具体的な活用事例を説明していきます。この無料版でも、後述するプロンプト（入力情報　※1.4で後述します）次第で、使いやすくさまざまなシーンで役立てることができます。

● ChatGPTの活用事例

　ここからは、具体的に活用事例を示していきます。

プログラムを書くことができる

　ChatGPTを介して、自然言語でプログラミングを書く時代が近づいていると言われています。

▼図1-3-4 プログラム生成の事例

調べ物ができる

　文章を入力するだけでさまざまな情報を検索できることができます。例えば、地理、科学、健康、ビジネスなど、さまざまな分野の情報を自然な文章で問い合わせることができ、調べ物に便利です。

▼図1-3-5 調べ物生成の事例

翻訳ができる

　ChatGPT を使うことで、自然言語での翻訳が可能になります。簡単な文章であれば、無料版でも十分な精度を保っています。しかも、言語の種類も豊富に対応しているので、多言語間のコミュニケーションにも役立ちます。

▼図1-3-6　英語から日本語への翻訳事例

下の文章を日本語に翻訳してください。

"""Context is also important in interpreting and making judgments about information. To understand specific information or data, it is necessary to consider the background and circumstances in which it was obtained. The absence of context can lead to misunderstandings and erroneous conclusions."""

情報の解釈や判断においてもコンテキストは重要です。特定の情報やデータを理解するためには、それがどのような背景や状況で得られたのかを考慮する必要があります。コンテキストの欠如は、誤解や誤った結論へと導く可能性があります。

例文作成ができる

　例文作成は、文法や語彙などに自信がない人にとって非常に役立つ機能であり、ChatGPT はそのような人々にとって優れた支援ツールとなり得ます。文脈やトピックに応じた適切な例文を提供することができます。また、人間が書いたかのような、自然な文章を簡単に生成することができるようになります。

▼図1-3-7 例文作成の事例

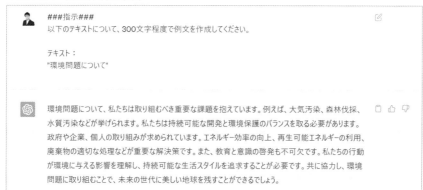

アイデアを得られる

ChatGPTはユーザーからの入力に応じて、さまざまなアイデアを提供してくれます。例えば、季節や材料に合わせたレシピの提案、料理のバリエーションなどがあります。

多くのレシピや料理に関する知識を持ち合わせているので、さまざまな料理に挑戦したい方や、新しいアイデアを得たい方にはぜひおすすめしたいです。

▼図1-3-8 アイデアの事例1=料理レシピ

▼図1-3-9 アイデアの事例2＝料理のバリエーション

会話することができる

まだまだ発展途上の技術なので、完璧ではありません。ただ、コミュニケーションは可能です。

▼図1-3-10 あらかじめ設定し会話する

▼図1-3-11 設定したうえので回答

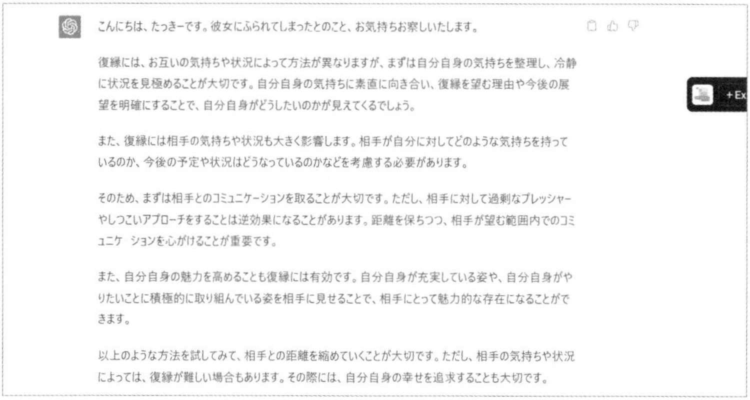

以上、ChatGPTの具体的な活用事例についてご紹介しました。

企業のWebサイトやブログのライティング以外にも、さまざまなシーンで活用できます。ただし、生成された文章は必ずしも正確であるとは限りませんので、適切なチェックが必要です。

1.4

AIがもたらす作業の変化 ＝プロンプトとは？

この節のポイント

▶ プロンプトとは？
▶ ChatGPTのベストプラクティスについて
▶ プロンプト作成に必要な3つの観点

●人間がおこなう作業の変化

AI技術が進化する中で、さまざまな分野でAIが活用されてきました。Webライティングの文章生成においても、大きな進歩があります。今まで記事を書くのは人間の仕事でしたが、ChatGPTを用いることで、記事生成をAIに任せることが可能になりました。

▼図1-4-1　ロボットが書いた記事を人間がチェックする

この技術により、人間は原稿の作成にかかる時間や負担を減らすことができ、その分、より創造的な活動や専門知識を活かした作業、生成した内容

のチェックに集中することができます。

　また、AIが記事を自動生成することで、速やかに記事を提供することができるため、読者にとってもメリットがあります。

　ただし、良質な記事を生成するためには、適切な「プロンプト（入力情報）」を与える必要があります。

●プロンプトとは？ 良くも悪くもAIは人間の指示に左右される

　プロンプトとは、ChatGPTに与える入力文のことを指します。このプロンプトが、生成する文章や回答の内容・質を大きく左右します。

　一般的に「質問」や「指示or命令」といった形で構成されます。例えば、「夏に欠かせない過ごし方はありますか？」といった質問型のプロンプトを与えると、ChatGPTはそのテーマに沿った文章を生成します。

　また、「宇宙について詳しい解説をしてください。」といった指示型のプロンプトを与えると、ChatGPTは宇宙に関する説明を行います。

●ChatGPTのベストプラクティスとは？

　OpenAIの公式サイトの中に『GPTのベストプラクティス』というページがあります。

> **URL** https://platform.openai.com/docs/guides/gpt-best-practices

　このページの中に、『より良い結果を得るための 6つの戦略』というタイトルで、GPT からより良い結果を得るための戦略と戦術が、次のように書かれています。

◆ 明確な指示を書く

- より関連性の高い回答を得るには、クエリに詳細を含める
- モデルにペルソナを採用するよう依頼する
- 区切り文字を使用して、入力の異なる部分を明確に示す
- タスクを完了するために必要な手順を指定する
- 例を提供する
- 出力の希望の長さを指定する

◆ 参考テキストを提供する

- 参考テキストを使用して回答するようにモデルに指示する
- 参考テキストからの引用を使用して回答するようにモデルに指示する

◆ 複雑なタスクをより単純なサブタスクに分割する

- インテント分類を使用して、ユーザーのクエリに最も関連性の高い指示を特定する
- 非常に長い会話を必要とする対話アプリケーションの場合は、以前の対話を要約またはフィルタリングする
- 長い文書を区分的に要約し、完全な要約を再帰的に構築する

◆ GPTに「考える」時間を与える

- 結論を急ぐ前に独自の解決策を見つけるようにモデルに指示する
- 内部の独白または一連のクエリを使用して、モデルの推論プロセスを非表示にする
- 以前のパスで何か見逃していないかモデルに尋ねる

◆ **外部ツールを使用する**

● エンベディングベースの検索を使用して効率的なナレッジ検索を実装する

● コード実行を使用して、より正確な計算を実行したり、外部 API を呼び出したりする

◆ **テストは体系的に変更される**

● ゴールドスタンダードの回答を参照してモデルの出力を評価する

　以上の戦略に基づくと、良い生成結果を得ることができるのですが、その際、プロンプトにおいて3つの観点が重要です。

●プロンプト作成に必要な３つの観点

　プロンプトの作成には、次のような3つの重要な観点があります。

1.形式（フォーマット）

　ChatGPTのプロンプトは、適切な形式やフォーマットで提供する必要があります。例えば、正しい形式を使用することで、ChatGPTが適切な応答を生成するのに役立ちます。

良い例

```
###指示###
以下の文を要約してください。
"""

<テキスト>
"""
```

悪い例

> 要約してください。
> ＜テキスト＞(参照する文章の区切りが無い)

2. 言葉 (キーワード)

　プロンプトに含める言葉やキーワードは重要です。ChatGPTは与えられたプロンプトを基に文章を生成するため、プロンプト内のキーワードは生成結果に大きな影響を与えます。適切なキーワードを使用して問いかけたり、具体的な指示を出したりすることで、望む回答を得ることができます。

良い例

> 「車のメンテナンス方法について教えてください。」
> 「天体観測に必要な道具と技術について説明してください。」

悪い例

> 「車のことを教えてください。」(具体的なトピックやキーワードが無い)
> 「天体観測について説明してください。」(具体的な要素や技術が不明確)

3. 書き方 (使い方)

　プロンプトの書き方や使い方も重要です。具体的で明確な質問にし、要点を的確に伝えるように心がけましょう。また、文章を分かりやすく簡潔にするために、適切な文の長さや段落の区切りを考慮することも重要です。プロンプトの書き方や使い方が適切であれば、ChatGPTはより適切な回答を生成することができます。

良い例

「以下の文を短く要約してください。300字以内でお願いします。」
「この商品の特徴を説明してください。」

悪い例

「要約してください。」（具体的な文の指定や制約が無い）
「この商品について説明してください。」（特徴や要素の指定が無い）

　これらの例を参考にして、プロンプトの作成時に適切な形式、キーワード、書き方を意識し、具体的で明確なプロンプトを作成してください。具体的で明確なプロンプトは、ChatGPTがより適切な回答を生成するのに役立ちます。

　その他、特定のトピックに関する情報や、記事のターゲットとなる読者など、記事の目的や要件に応じたプロンプトを与えることで、より適切な記事を生成することができます。

　重要なのは、プロンプトが明確であることと、ChatGPTが生成する文章に必要な情報が含まれていることです。適切なプロンプトの長さを設定するためには、何度か試行錯誤が必要かもしれません。

　より具体的なプロンプトの要素や注意点については、第2章以降で案内します。

1.5

選りすぐり定型プロンプトを
選ぶだけでも大丈夫

● この節のポイント ●

▶ Google Chromeの便利な拡張機能について
▶ AIPRM for ChatGPTとは?

●自動化ツールの活用＝Google Chromeの拡張機能

　プロンプト生成の効率化に欠かせない自動化ツールの活用について解説していきます。ここではGoogle Chromeの拡張機能を紹介し、具体的な使い方を説明します（第4章では、別の拡張機能も紹介します）。

　この拡張機能を使用することで、より効率的にプロンプトの作成を行い、クオリティの高いプロンプトを利用することができます。

　Google Chromeの拡張機能には、自動的にテキストを生成するための便利な機能があります。例えば、拡張機能内にある選りすぐりの定型プロンプトを選ぶだけで、素早く回答を生成することができます。

● AIPRM for ChatGPT

　ここで紹介する「AIPRM for ChatGPT」は、ChatGPTを活用した文章作成にも使える拡張機能の一つです。AIPRMは、Attention, Intention, Purpose, Result, and Methodの頭文字をとったもので、文章作成に必要な要素を整理し、それらをプロンプトとして整形することで、より効果的な文章作成を目指します。

　この拡張機能は、時間と労力を節約するために開発されました。プロンプト作成の過程で時間をかけ過ぎたり、プロンプトがうまくいかなかった

りすることがありますが、利活用することでその手間を省き、なおかつ品質の高い回答を生み出すこともできます。

　拡張機能の追加には、まずGoogle Chromeで「AIPRM for ChatGPT」を検索し、Webサイトを開きます。次に、Chromeウェブストアの「AIPRM for ChatGPT」内の画面右上にある「Chromeに追加」ボタンを押します。

▼図1-5-1　拡張機能「AIPRM for ChatGPT」追加

　すると、次のようにChatGPTの画面が変わります。

▼図1-5-2　拡張機能AIPRM for ChatGPTを追加したChatGPTの画面

これからのWebライティングとは？

▼図1-5-3 AIPRM for ChatGPTの画面

使い方は、定型プロンプトを選択し、キーワードを入力するだけで文章を作成することができます（図1-5-3において、Topicは指示したい内容のジャンルのことで、ここでは、「SEO」関連を選択しています。Sort byの部分は「Top Votes」なので、評価の高い順番で並んでいます）。

例えば、図1-5-4のように「Human Written¦100% Unique¦SEO Optimized Article」を選択し、「❸キーワードを入力」→「❹ボタンを押して送信」だけで、文章を自動生成してくれます。

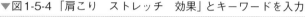

▼図1-5-4 「肩こり　ストレッチ　効果」とキーワードを入力

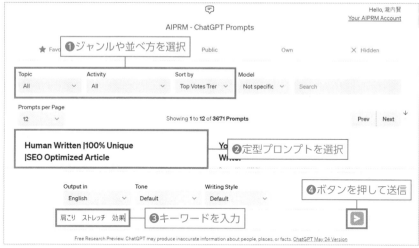

すると、次のような文章が生成されます。

▼図1-5-5　自動生成の記事

　AIPRM for ChatGPT を利活用することで、より効果的な文章を作成することができます。また、AIPRMの各要素には、図のようにSEO項目などもあるため、目的別にプロンプトを選択することもできます。

これからのWebライティングとは？

1

37

1.6
本書の目的と構成

▶ ChatGPT が理解しやすいプロンプトの「構成」や「形式」とは？
▶ 本書の目的とは？

●本書の目的

　本書の目的は、ChatGPT を活用して、効率的かつ高品質な Web コンテンツを作成していくことです。

　現代の Web コンテンツ制作には、多くの時間と手間がかかります。しかし、最近の自然言語処理技術の進歩により、人工知能を利用することで、高速かつ精度の高い文章生成が可能になりました。

　第2章以降で、ChatGPT を使った Web コンテンツ制作の具体的な方法や技術を解説しています。また、Web コンテンツの品質を高めるためのテクニックや、読者にとって有益な情報を提供する方法なども詳しく紹介しています。
　第2〜6章の順番にたどって作業していけば、ChatGPT 初心者の方でも理解できるような内容となっています。

第2章　Webライティングプロンプトの構成・形式

　ChatGPT が理解しやすいプロンプトの「構成」や「形式」があります。同じ内容であったとしても、書き方次第で回答が大きく変わってきます。
　構成は、全体像を示す枠組みやプランのことを指します。つまり、全体の流れや項目の順序や組み合わせを決定することが構成の目的です。

また、形式については、ChatGPTが理解しやすい定型フォームを中心に解説します。

第3章　用途別のプロンプト作成とその事例

第2章までの基本をもとに、実際に活用事例を示していきます。例えばブログやInstagramなどのSNS、コーポレートサイトなど、用途別に行っていきます。

第4章　ChatGPTによるWebライティングの応用

第4章では応用編として、便利な拡張機能の利活用やより複雑な利用方法を解説していきます。

第5章　コンテンツの品質向上に活かせるツールの紹介

最後に、文章を仕上げる工程において活かせるツールを紹介します。

本書を読むことで、ChatGPTを活用して効率的かつ高品質なWebコンテンツを作成する方法を学ぶことができます。また、Webコンテンツ制作における自然言語処理技術やツールの知識を深めることができるため、より幅広い用途での応用も可能になるでしょう。

●ChatGPTの気持ちになる

筆者は、SEOやMEO、SNSなどの集客コンサルを行っています。なかでも、SEOを主軸としています。

SEOではGoogleの気持ちになって施策を行っていくことで、上位表示の確度を高めてきました。同様に、ChatGPTにおいても、同様のことが言えるのではないでしょうか。そこで3つのことを提唱します。

❶生成がうまくいかない場合は、ChatGPTの気持ちになってやり取りをおこなう

❷自己流のプロンプトより、ChatGPTに聞いた方がよい

❸総じて、ChatGPTのことはChatGPTが一番理解している

　この3つを指針とし、第2章以降の解説を行っていきます。ChatGPTに繰り返し質問・確認したことで、新たに判ってきたことが多数ありました。この本を手に取った方々も、ぜひご参考のうえお試しください。

第2章

Webライティング プロンプトの 構成・形式

プロンプトの力が
生成結果を変える…

2.1

最適な回答につながる
プロンプトの要素について

● この節のポイント ●

▶ ChatGPTのことはChatGPTに聞く
▶ プロンプト要素を網羅する
▶ プロンプトそのものを質問する

● ChatGPTのことはChatGPTに聞く

　適切なプロンプトを作成することは非常に重要です。しかしながら、プロンプトの形式や要素に明確な型が無いため、実際に指示を与える場合に迷ってしまうことがあります。

　プロンプトは文章を書くうえでの指針であり、ChatGPTがきちんと理解するためにも、正確で明確なものであることが求められます。

　色々な人が色々な型で独自のプロンプトを作成しているため、これからプロンプトを構築していく人にとっては、どれが正しいのかわからずに混乱の原因となります。

▼図2-1-1 プロンプトが分かりにくいため、ChatGPTが理解できない！

だからこそ、この問題においてもChatGPTを活用することを筆者はおすすめしたいのです。

「**ChatGPTのことはChatGPTに聞いてみる！**」ということです。

ChatGPTは、プロンプト要素についても広く知っています。

ChatGPTに最適なプロンプトを聞くことで、より的確な指示を得ることができます。結果、正確な指示が得られ、より高品質な文章制作につながることでしょう。

●ベストなプロンプト要素を実際聞いてみた結果…！

プロンプトに関するネットの情報を色々調べてみると、三者三様で、どれも正しいのか、正しくないのか、悪くはないがベストと言えるのか判断が難しいのが正直なところです。

なぜ、そのように書くのか？どこから発生した情報なのか？と疑問ばかりでした。

だからこそ、ChatGPTに対して、何度もさまざまな角度から質問しなおし、Webライティングに必要となる項目を追求してみました（図2-1-2はその一例）。

▼図2-1-2　プロンプトについて質問した例

> 👤 ChatGPTさん、Webライティングに必要なプロンプトの要素を教えてください。以下の項目で不足があれば
> 追加してください。
>
> 項目：
>
> 指示：
>
> 文脈（背景）：
>
> 条件：
>
> 入力データ：
>
> 出力形式：

すると、次のように答えてくれました。

項目：

指示：ウェブライティングの目的や目標、読者への指示など、具体的な指示を含めます。

文脈（背景）：ウェブライティングのコンテキストや背景情報を提供します。例えば、ウェブサイトのトピックやテーマ、特定の製品やサービスに関する情報などが含まれます。

条件：ウェブライティングに関連する条件や要件を指定します。例えば、特定のキーワードの使用、文章の長さ、スタイルやトーンの指定、特定のフォーマットへの適合などが含まれます。

入力データ：ウェブライティングに必要な情報や資料、データの提供を要求します。例えば、統計データ、調査結果、製品の仕様などが含まれます。

出力形式：ウェブライティングの成果物の形式や形態を指定します。例えば、記事、ブログポスト、製品説明、FAQ、マーケティングコピーなどが含まれます。

キーワード：特定のキーワードやフレーズを含める必要がある場合に指定します。これにより、検索エンジン最適化（SEO）の観点からウェブページの可視性を向上させることができます。

ターゲットオーディエンス：ウェブライティングの対象読者や受け手に関する情報を提供します。例えば、年齢層、興味関心、知識レベルなどを指定することがあります。

スタイルガイド：特定のスタイルガイドやブランドガイドラインに準拠する必要がある場合に、その指示を提供します。これにより、一貫性のある文章やデザインを保つことができます。

以上が一般的なWebライティングのためのプロンプトの要素ですが、具体的なニーズや目的に応じて、さらに追加やカスタマイズが行われることもあります。

この例では、以下のように、必要項目（要素）を網羅してくれました。

1.キーワード：特定のキーワードやフレーズを含める必要がある場合に指定します。これにより、検索エンジン最適化（SEO）の観点からウェブページの可視性を向上させることができます。

2.ターゲットオーディエンス：ウェブライティングの対象読者や受け手に関する情報を提供します。例えば、年齢層、興味関心、知識レベルなどを指定することがあります。

3.スタイルガイド：特定のスタイルガイドやブランドガイドラインに準拠する必要がある場合に、その指示を提供します。これにより、一貫性のある文章やデザインを保つことができます。

図2-1-2で質問した指示、文脈（背景）、条件、入力データ、出力形式以外に、上記3点の要素を追加で回答してくれました。

ちなみに著者は、指示、文脈（背景）、入力データ、出力形式の4要素について、「Prompt Engineering Guide」内の「プロンプトの要素」を参照しています。

「Prompt Engineering Guide」とは、AI研究所 DAIR（Distributed AI Research Institute）によるプロンプトを学ぶための Web サイトです。

URL https://www.promptingguide.ai/jp/introduction/elements

Prompt Engineering Guide より抜粋：

プロンプトには、以下のいずれかのコンポーネントが含まれることがあります。

命令 - モデルに実行してほしい特定のタスクまたは命令

文脈 - 外部情報や追加の文脈が含まれる場合があり、モデルをより良い応答に導くことができます。

入力データ - 応答を見つけたい入力または質問

出力指示子 - 出力のタイプや形式を示します。

> すべてのコンポーネントが必要なわけではなく、フォーマットは手元
> のタスクに依存します。次のガイドで具体的な例を取り上げます。

　上記の中に、「すべてのコンポーネントが必要なわけではなく」と書かれ
ていますが、逆に、コンテンツによっては不足する要素もあるのではない
かと判断し、ChatGPTに聞いてみたわけです。
　同様の手法を行えば、次のようにさまざまなシーンで要素を網羅するこ
とができます。

Instagram作成におけるプロンプト要素事例

ChatGPTさん、Instagramで4枚のフィード投稿を行う際に必要な要
素を補完してください。

指示：

文脈：

入力データ：
・
・
・

すると、次のように生成してくれました。

指示：
Instagramで4枚のフィード投稿を行う際に必要な要素を補完してく
ださい。

2
Webライティングプロンプトの構成・形式

文脈：

入力データ：

・4枚の写真を使用する

補完：

鮮明な写真：Instagramでは美しさと視覚的な魅力が重要です。写真を撮る際には、明るさ、コントラスト、シャープネスなどを調整して鮮明で魅力的な画像を作りましょう。

統一されたテーマやスタイル：フィード全体を統一感のあるテーマやスタイルでまとめることで、鑑賞者に印象的なインスタグラムのプロフィールを提供することができます。テーマやスタイルは、色調、フィルター、写真のコンポジションなどの要素を含むことがあります。

ハッシュタグ：適切なハッシュタグを使用することで、より多くの人に投稿をアクセスしてもらうことができます。人気のあるハッシュタグや関連するキーワードを選んで投稿に追加しましょう。例えば、旅行写真ならば「#travel」や「#wanderlust」などが適切なハッシュタグとなります。

キャプション：各投稿にはキャプションを付けることが重要です。キャプションは写真の補足説明やストーリーの一部を提供し、鑑賞者とのコミュニケーションを促進します。興味深いストーリーテリングやユーモアのあるキャプションを考えましょう。

以上の要素を意識して、Instagramの4枚のフィード投稿を楽しんでください！

　このように、プロンプトそのものを質問することもできます。そして、必要となる要素も引き出すことができます。

2.2 最適な回答につながるプロンプト 形式や要素の書き方について

──●　この節のポイント　●──

▶ ChatGPTが理解しやすい形式を理解する
▶ プロンプトの必要要素を理解する
▶ プロンプトの順序を理解する

●ChatGPTが理解しやすい形式とは？

　前出の「Prompt Engineering Guide」内の「プロンプトの設計に関する一般的なヒント」において、指示はプロンプトの最初に配置し、指示と文脈を区切るために「###」のような明確な区切り記号を使用することが推奨されています。

> **URL** https://www.promptingguide.ai/jp/introduction/tips

```
### 指示 ###
以下のテキストをスペイン語に翻訳してください。
Text: "hello!"
```

　形式については、以降、上記の手法を採用して書いていきます（注：ただし、本来のマークダウンとしてではなく、指示部分のみに使用する前提で、視覚的に整理され、他のテキストと区別されることを目的としています。そのため、以降、#と指示の間にスペース無しで書いていきます。スペースのあるなしに関わらずどちらも同じです）。

　ちなみに、指示を先に書くのは、英語の語順で理解しようとしているか

らではないかと推測しています。

なお、図2-2-1の「DeepL」は、3.3でも紹介していますが、高機能の翻訳サイトです。英語を用いたビジネスを行っている人の評価は非常に高いようです。

> **URL** https://www.deepl.com/ja/translator

▼図2-2-1　DeepLで翻訳した例

日本語を英語訳すると、右側のように、「Create a PR statement」が一番先に書かれています。

ちなみに、文章のみのプロンプトと、推奨されている形式に基づいて書いたプロンプトの生成結果を比較してみました。

「発送遅延のお詫び文」を事例にしたプロンプトによる違い

▼図2-2-2　生成結果は「窪農園の皆様へ、」とNG回答

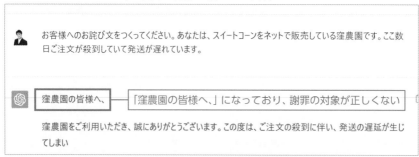

▼図2-2-3　生成結果は「窪農園のお客様へ、」とOK回答

###指示###
お客様へのお詫び文をつくってください。

文脈（背景）：あなたは、スイートコーンをネットで販売している窪農園です。
ここ数日ご注文が殺到していて発送が遅れています。

窪農園のお客様へ、　━━━　「窪農園のお客様へ、」になっており、正しい謝罪対象になっている

お世話になっております、窪農園でございます。この度は、ご注文の急増により、発送に遅れ

形式に基づいた書き方は、きちんと「窪農園のお客様へ、」のように、正確な回答を生成しました。

つまり、「要素＋形式（書き方）」がベストな生成結果につながります。

このように、疑問に思ったことはChatGPTに尋ねて検証を行いながら、導き出した手法をもとに「要素＋形式（書き方）」を説明していきます。

ここで、2.1で案内した要素に形式を当てはめてみます。

###指示###
モデルに実行してほしい特定のタスクまたは命令を書いてください。
（出力指示子）出力のタイプや形式を示します。

条件：
・指示に付随する細部の指示を与えます
・指示に付随する細部の指示を与えます

文脈：外部情報や追加の文脈が含まれる場合があり、モデルをより良

2

Webライティングプロンプトの構成・形式

い応答に導くことができます。

入力データ：応答を見つけたい入力または質問

この順序でプロンプトを書いていくことを推奨します。

以下に例を示します。

指示
コラムタイトルとコラム記事を書いてください。
コラム記事は、丁寧なトーンで1000文字程度書いてください。

条件：
・コラムタイトルには、"ChatGPT"と"SEO"を入れてください。
・コラム記事の冒頭から90文字以内に"ChatGPT"と"SEO"を入れて
ください。

文脈：あなたはコラムライターの"瀧内"です。
"瀧内"の視点から記事を書いてください。

例：コラムライターの瀧内です。私は・・・

テーマ：ChatGPTとSEOの今後

以上のプロンプトから生成された結果がこちらです。

　ちなみに、この中の「文脈（背景）」が「あなたは○○です。」といった要素の項目、書き方、その順番についても、ChatGPTに確認しながら行っています。

▼図2-2-4　生成結果

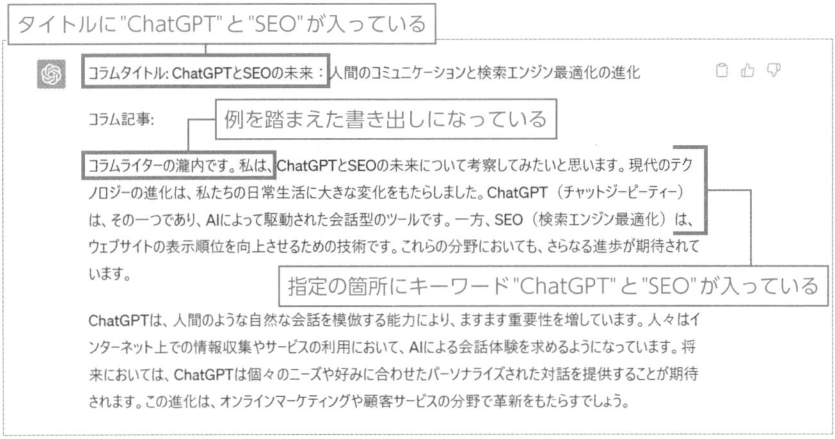

タイトルに"ChatGPT"と"SEO"が入っている

> コラムタイトル: ChatGPTとSEOの未来：人間のコミュニケーションと検索エンジン最適化の進化
>
> コラム記事: 　例を踏まえた書き出しになっている
>
> コラムライターの瀧内です。私は、ChatGPTとSEOの未来について考察してみたいと思います。現代のテクノロジーの進化は、私たちの日常生活に大きな変化をもたらしました。ChatGPT（チャットジーピーティー）は、その一つであり、AIによって駆動された会話型のツールです。一方、SEO（検索エンジン最適化）は、ウェブサイトの表示順位を向上させるための技術です。これらの分野においても、さらなる進歩が期待されています。
>
> 指定の箇所にキーワード"ChatGPT"と"SEO"が入っている
>
> ChatGPTは、人間のような自然な会話を模倣する能力により、ますます重要性を増しています。人々はインターネット上での情報収集やサービスの利用において、AIによる会話体験を求めるようになっています。将来においては、ChatGPTは個々のニーズや好みに合わせたパーソナライズされた対話を提供することが期待されます。この進化は、オンラインマーケティングや顧客サービスの分野で革新をもたらすでしょう。

　ちなみに「入力データ」とは、以下の例のように、「対象」と言い換えることができる要素のことを指します。先ほどの例だと、「テーマ」が該当します。

プロンプト：最新の映画ランキングに基づいて、アクション映画のおすすめ作品を教えてください。また、その作品のあらすじと上映時間も教えてください。

入力データ：アクション映画

プロンプト：iPhone 14の在庫状況を確認してください。在庫数と価格も教えてください。

入力データ：iPhone 14

●要素内の書き方について

ここからは、要素内の書き方について解説していきます。

簡潔なプロンプトを心がける

ChatGPTは文章生成AIであり、与えられた情報から自動的に文章を生成しますが、過剰な情報や冗長な表現は不要です。そのため、プロンプトは簡潔な表現でまとめることが望ましいです。

例えば、「英語を勉強する方法について教えてください。」というプロンプトは、短くて明確であり、ChatGPTがどのような情報を提供すべきかを示しています。

具体的な問いかけをする

プロンプトを与える際には、具体的な問いかけをすることが大切です。これにより、ChatGPTがどのような情報を提供すべきかが明確になり、より適切な回答が得られる可能性が高まります。

例えば、「最近の科学的な進歩について教えてください。」に対して、「最近の宇宙科学の進歩について教えてください。」というプロンプトは、具体的な問いかけです。

絞り込み条件を明示する

ChatGPTは広範囲の情報を扱えますが、プロンプトを与える際には、可能な限り絞り込み条件を明示することが重要です。これにより、ChatGPTがより正確な回答を提供することができます。

例えば、「肉料理のレシピを教えてください」というプロンプトは、肉料理という広い範囲に関する情報を提供する可能性があります。一方、「鶏肉

料理のレシピを教えてください」というプロンプトは、範囲を鶏肉料理に絞り込むことで、より具体的な情報を得ることができます。

情報は詳細に伝える

ChatGPTに指示する際に、情報は詳細に記載しましょう。例えば、回答に必要な範囲、対象読者、出力形式などを明確に伝えることで、より正確な回答を得ることができます。

以下に例を示します。

> あなたは、福岡市中央区の"たっきー整体"を経営している"瀧内"です。
> 40代以上の女性がターゲットです。

シンプルな文章を作成する

冗長な文章や重複する表現は避け、必要な情報だけを盛り込んだシンプルな文章を作成することで、ChatGPTがより正確な回答を生成しやすくなります。

悪い例

> 「私たちの会社は、とても高品質な製品を提供しています。この製品は、消費者にとって非常に役立つものであり、そのために多くの顧客に愛されています。製品には、さまざまな特徴があり、それらはすべて製品の使用に役立ちます。」

このプロンプトは冗長であり、重複する表現が多く、必要な情報が混在しています。ChatGPTはこのような文章を解釈するのに苦労し、正確な回答を生成することが難しくなります。

「当社の製品は高品質で、多くの顧客に愛されています。製品にはさまざまな特徴があり、そのすべてが使用に役立ちます。」

このプロンプトはシンプルで、必要な情報だけを盛り込んでいます。ChatGPTはこのような明確なプロンプトを解釈しやすく、より正確な回答を生成することができます。

語彙や文法に注意する

プロンプトを作成する際には、語彙や文法にも注意する必要があります。特に、特殊な言い回しはChatGPTが理解しにくくなることがありますので、可能な限り一般的な表現を用いるようにしましょう。また、文法に関しても、明確な文章構造や正しい文法ルールを守るように心がけましょう。

私は昨日友達と映画を見ました。映画はとても良かった。

対して、以下のように修正することで改善できます。

昨日、友達と一緒に映画を観ました。その映画は非常に素晴らしかったです。

この改善例では、より具体的な表現を使うために「見る」を「観る」に置き換え、文法的な正確さを追求しました。また、「良かった」という表現を「素晴らしかった」に変えることで、より強い感情を表現しました。

●その他、プロンプトの書き方に関する注意点

その他、プロンプトの書き方に関する注意点をさらにいくつか挙げてみます。

あらかじめChatGPTが理解しやすいように情報提供する

必要に応じて、プロンプトに関する前提知識や背景情報を提供することがあります。その場合は、その情報が読み手にとって必要なものであることを明示し、できるだけ簡潔かつ的確に伝えるようにします。

> **悪い例**
>
> ### 指示###
> PRタイトルとPR文をつくってください。
>
> 文脈（背景）:あなたは、福岡のジュエリー作家なおみです。

これだけのプロンプトの場合、生成が次のようになる場合があります。

▼図2-2-5　生成された回答の例

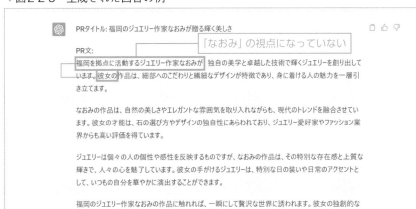

「なおみが、」や「彼女の才能は、」のように、「なおみ」の立場に立って書いていません。

そのため、次のように①〜③いずれかの一文を加えます。

良い例

文脈（背景）：福岡のジュエリー作家なおみです。

①なおみの視点で書いてください。
②なおみ自身がPRする形で書いてください。
③なおみの視点で、自己紹介をしてください。

すると、次のように「なおみ」の立場で改善されました。

▼図2-2-6　①の一文を加えた場合の生成文

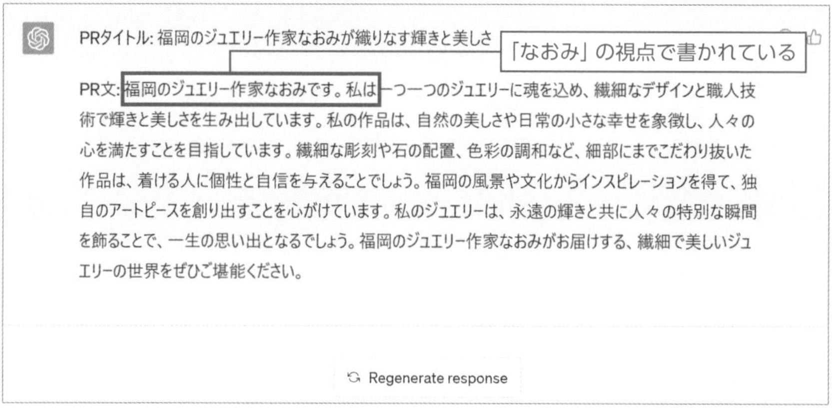

PRタイトル: 福岡のジュエリー作家なおみが織りなす輝きと美しさ

「なおみ」の視点で書かれている

PR文: 福岡のジュエリー作家なおみです。私は一つ一つのジュエリーに魂を込め、繊細なデザインと職人技術で輝きと美しさを生み出しています。私の作品は、自然の美しさや日常の小さな幸せを象徴し、人々の心を満たすことを目指しています。繊細な彫刻や石の配置、色彩の調和など、細部にまでこだわり抜いた作品は、着ける人に個性と自信を与えることでしょう。福岡の風景や文化からインスピレーションを得て、独自のアートピースを創り出すことを心がけています。私のジュエリーは、永遠の輝きと共に人々の特別な瞬間を飾ることで、一生の思い出となるでしょう。福岡のジュエリー作家なおみがお届けする、繊細で美しいジュエリーの世界をぜひご堪能ください。

↻ Regenerate response

これでもエラーが発生する場合もあります。その場合は、「文脈：」の下に、次の一文を加えます。

例：福岡のジュエリー作家なおみです。私は・・・

このように、例を示すことで理解しやすくなりエラーを防ぐことができます。

問いかけを独立させる

複数の問いかけを含むプロンプトを作成する場合、それぞれの問いかけが独立しているかどうかを確認することが重要です。すなわち、ある問いかけに対する回答が、別の問いかけに与える影響を考慮しておいた方がベターです。

> **悪い例**
>
> ゴジラと新幹線をモチーフにした歌詞をつくって、英語に訳して、フランス語に訳してください。

▼図2-2-7 悪い例の生成結果

Sure! Here's a set of lyrics inspired by Godzilla and Shinkansen (bullet train) motif, along with their English and French translations:

Japanese:
ゴジラ、ゴジラ、新幹線
轟音が鳴り響くこの地に
巨大な影が迫ってくる
怪獣と戦い、未来を守る

English:
Godzilla, Godzilla, Shinkansen
In this land where thunderous sounds resound
A colossal shadow draws near
Fighting monsters, protecting the future

↻ Regenerate response

> **良い例**
>
> 以下の条件に従って、ゴジラと新幹線をモチーフにした歌詞を作成してください。
>
> 条件：
> ・日本語で作成してください。

・歌詞を英語に訳してください。

・英語の歌詞をフランス語に訳してください。

▼図2-2-8 良い例の生成結果

タイトル：怒れる巨獣

（イントロ）
咆哮の響きが
大地を揺さぶる
ゴジラ、新幹線
立ち向かう運命

（サビ）
ゴジラよ、怒り燃やせ
新幹線は進め、勇気を持て
怪物と鋼の競演
絆で結ぶ、未来のシンフォニー

（間奏）

　良い例の生成結果では、「タイトル」や「イントロ」、「サビ」まであり、詳しく書いてくれました。

トーン、表現を決定する

　質問の対象者や文脈に応じて、プロンプトの難易度や専門性を調整することができます。一般的な人々を対象とするプロンプトであれば、専門用語や技術的な表現を極力避け、できるだけわかりやすく伝えるようにします。

【プロンプト内に追加した例】

『専門用語や技術的な表現を極力避け、できるだけわかりやすく伝えてください。』

　以下に、いくつかの一般的なトーンの例とその説明を示します。

フレンドリー：フレンドリートーンは、親しみやすく友好的な雰囲気を醸し出します。使われる言葉や文体は穏やかで、相手に対して好意的な印象を与えます。

> 例 「こんにちは！どのようにお手伝いできますか？」

丁寧：丁寧なトーンは、相手に対して敬意を示すために使用されます。礼儀正しさや配慮が感じられる言葉遣いが特徴で、相手を尊重していることを示します。

> 例 「お手続きに関しては、お手数ですが以下の手順に従ってください。」

知識的：知識的なトーンは、専門知識や情報の提供を重視します。専門用語や具体的な事実に基づいた説明が含まれることがあり、専門家や専門分野に関連するトピックでよく使用されます。

> 例 「最新の研究によれば、この治療法は効果的であり、副作用はほとんど報告されていません。」

ユーモア：ユーモアのあるトーンは、軽妙なジョークや遊び心のある表現を含みます。相手との距離感を縮め、雰囲気をリラックスさせる効果があります。

> 例 「なぜサーバーがコーヒーを飲まないのか知っていますか？それは、彼らが常にバグを避けるからです！」

シリアス：シリアスなトーンは真剣さや重要性を表現するために使用されます。重大な問題や状況に対して適しており、冗談や軽薄な要素は含まれません。

> 例 「この問題は深刻な懸念事項です。すぐに対処する必要があります。」

2

Webライティングプロンプトの構成・形式

重要なのは、適切なトーンを選択し、適切なメッセージを伝えることです。また、より適切な応答を生成するためにも、具体的な指針が重要です。

●項目（要素）内の形式（記述方法）について

項目（要素）内の形式（記述方法）について説明していきます。以下の例を見てください。

固有名詞など語句の強調は、引用符を使用する

福岡市で整体を営んで30年の"たっきー整体院"です。

文章中に複数の強調すべき語句が含まれている場合、それらを引用符で区切ることで、ChatGPTがそれぞれの要素を別々に認識し、より適切な応答を生成することができます。

適切な区切りを入れる

長い文章の場合、「、」や「。」など適切な区切りが無いとChatGPTが文章の構造を正しく理解できず、不適切な回答を生成する可能性があります。そのため、区切りの適切な使用は重要です。

加えて、適切な応答を得るためにも、余分な文字や記号を排除し、必要な情報に焦点を当てていきましょう。

組み入れる文章は、「"""」のように三重引用符で囲む

先ほど、「たっきー整体」や「瀧内」など、語句の区切りについては、引用符を用いることを説明してきました。対して、文章の区切りについては次の例のようになります。

PR文に次のテキストを組み入れてください。

```
テキスト：
"""

福岡を中心にレシピ作成、テレビ出演、料理教室などを行っています。
レシピは3年連続、年間1000レシピ以上作りました！
"""
```

　ちなみにこの書き方については、第1章（1.4）でも案内した「GPT のベスト プラクティス」内の「より良い結果を得るための 6 つの戦略」の中に、"区切り文字を使用して、入力の異なる部分を明確に示します"と書かれています。

　以下の例のような用法です。

```
三重引用符で区切られたテキストを俳句で要約します。
""" ここにテキストを挿入 """
```

> URL https://platform.openai.com/docs/guides/gpt-best-practices/strategy-write-clear-instructions

文章の最後にピリオドを付ける

　プロンプト内の指示については、適切な文脈を与えるために、文末においても明確に区切ることが重要です。プロンプトの形式は、ChatGPT が正確に理解できるような形式であることが望ましいです。

　日本語の文章では、「。」を使用するのが一般的で自然です。

```
### 指示 ###
PR文を書いてください。
```

　なお、質問の場合は、疑問形であることを明確にするために、要素（項目）に「質問」や「問い」といった言葉を含めると、さらにChatGPTが理解しやすくなります。さらには、次のように疑問形で書いた方がよいです。

最近のトレンドは何ですか？

項目内に複数要素がある場合はリスト形式で記述する

　番号形式とリスト形式、どちらでもChatGPTは理解できるので、自分の好みでリストを作成して問題はありません。

　ただ、番号付きリストは、次の例のように順序やつながりを意識して実装することが重要です。正確な順序とつながりを保つことで、情報の伝達効果を高めることができます。

手順：
1.目標の設定
2.調査と情報収集
3.プランの立案
4.実行と確認
5.改善のための追加の手順

　また、次の悪い事例のように、リスト形式を使用せずに文章内に要素を混在させて記述した場合、ChatGPTが情報を把握するのが難しく、正確な回答を生成するのも困難になります。

悪い例

パスタ、サラダ、デザート、ジュースがありました。パスタはトマトソースで、サラダにはキャベツとトマトが入っていました。デザートは

チョコレートケーキで、ジュースはオレンジジュースでした。

対して、良い事例は次のようになります。

良い例

・パスタ（トマトソース）
・サラダ（キャベツ、トマト）
・デザート（チョコレートケーキ）
・ジュース（オレンジジュース）

　以上のように、リスト形式で要素を明確に列挙することで、情報を簡潔にまとめられるため、ChatGPTから正確な回答を得られやすくなります。

●プロンプトは丁寧語で書く

　一般的にChatGPTは、丁寧語の方がより理解しやすい傾向にあります。そのため、プロンプトを作成する際には、できるだけ丁寧語を使用することが推奨されます。

　ただし、必ずしも丁寧語を使わなければならないわけではありません。例えば、会話形式のプロンプトの場合、自然な口調で書くことが重要であるため使用しないこともあります。

　例えば、以下は丁寧語を使用したプロンプトの例です。

料理のレシピを教えてください。簡単なデザートのアイデアを知りたいです。

　このように丁寧語を使用することで、ChatGPTがより適切な回答を生成することができます。

2.3
編集プロンプトについて

▶ 編集プロンプトで文章を改善する
▶ 頻度の高い編集プロンプトの定型を覚える

●編集において頻度の高いプロンプトの紹介

　Webライティングにおいては、編集作業を必要とするシーンが多くあります。以下に代表的な事例を挙げます。

・文章の明確化

プロンプト：読者に伝えたいメッセージや情報は何ですか？それをもっと明確に表現してみてください。

・文章の構成と論理性

プロンプト：記事の流れや順序は適切ですか？論理的なつながりや段落の整理はできていますか？構成を見直してみてください。

・文章の魅力化

プロンプト：読者をより文章に引き込む表現や効果的な見出しはありますか？魅力的なイメージや引用を追加してみてください。

・文章の簡潔化

プロンプト：冗長な表現や重複した情報はありませんか？言葉を簡潔にし、要点を明確に伝えるように改善してみてください。

・文体と語彙の適切性

プロンプト：記事の対象読者に合った文体や語彙を使用していますか？必要な専門用語や分かりにくい表現はありませんか？読者の理解を促すように工夫してください。

・エラーと校正

プロンプト：文法やスペルミス、文章の誤りはありませんか？文中の正確性や正確な情報を確認し、校正してください。

これらのプロンプトを参考にしながら、編集作業を行うと、文章のクオリティが向上し、読者により魅力的なコンテンツを提供することができます。

●「続きを書いてもらう」ための操作

続きを書く指示は、編集の中で頻繁に使用していきます。

ChatGPT（3.5）の回答は、一度の応答で文字数制限があります。通常、回答の長さは環境でも異なりますが、最大2,000文字程度までとなります。そのため、続きを書いてもらうシーンが多くあります。

「Continue generating」ボタンを押すことで、続きを書いてくれます。

▼図2-3-1 続きを書いてもらう

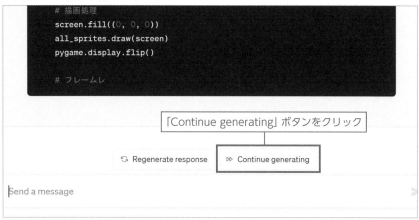

●編集の事例＝要約してもらう

編集において、要約は「まとめ」など、頻度多く用います。書き方は次の通りです。

```
###指示###
以下のテキストを要約してください。

テキスト:
"""
そろばんで暗算をすることができるようになると、日常生活の中でも、
スムーズに計算を行うことができるようになります。たとえば、買い物
や料理の際には、計量や割り算をする必要がありますが、そろばんでの
暗算力があれば、簡単に計算を行うことができます。また、試験や資格
試験などでも、そろばんを使った暗算力があれば、計算ミスを減らすこ
とができるため、高得点を目指すことができます。最近では、そろばん
を使った暗算による脳のトレーニングが注目されており、老若男女を
問わず、そろばんを使って脳を鍛える人々が増えています。そろばんで
```

の暗算は、脳の発達や計算力向上にとって効果的な方法であると言えます。ぜひ、そろばんを使った暗算に取り組んで、脳と計算力を鍛えてみてはいかがでしょうか。
"""

▼図2-3-2　要約の生成結果

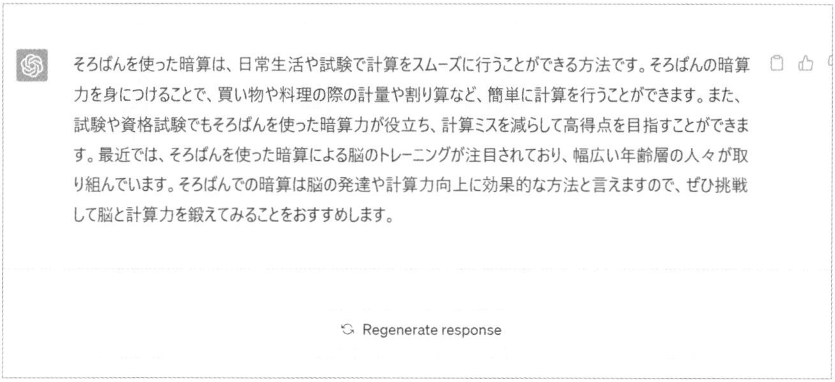

そろばんを使った暗算は、日常生活や試験で計算をスムーズに行うことができる方法です。そろばんの暗算力を身につけることで、買い物や料理の際の計量や割り算など、簡単に計算を行うことができます。また、試験や資格試験でもそろばんを使った暗算力が役立ち、計算ミスを減らして高得点を目指すことができます。最近では、そろばんを使った暗算による脳のトレーニングが注目されており、幅広い年齢層の人々が取り組んでいます。そろばんでの暗算は脳の発達や計算力向上に効果的な方法と言えますので、ぜひ挑戦して脳と計算力を鍛えてみることをおすすめします。

↻ Regenerate response

以上、頻度の高いプロンプトの紹介を致しました。Webライティングの編集作業をおこなううえで、ぜひ参考にしてください。

2.4

さらに高度な回答を引き出すプロンプト形式について

──●── この節のポイント ──●──

▶ 生成結果はプロンプト次第
▶ 出力をコントロールする
▶ 参照や事例を与えて生成結果を制御する

●ChatGPTの力を引き出すプロンプト

　ChatGPTの生成結果は、プロンプト次第で大きく異なってきます。洗練されたアルゴリズムと大規模なトレーニングデータにより、驚くほど自然な文章を生成することができますが、その力を最大限に引き出すためには、適切なプロンプトの使用が必要です。

　これまでも解説してきましたが、ChatGPTは与えられたプロンプトに基づいて文章を生成しますので、具体的で明確なプロンプトを用意することが重要です。質問や指示を明確にし、生成される文章の内容や形式をコントロールするために、形式やキーワードの選択に注意が必要です。

　例えば、飲食店のオーナーの立場で集客を狙って書く記事であれば、「PR文を書いてください。」といったものが考えられます。

　このように、ChatGPTが理解しやすい形式をもとに、「PR文」や「コラム記事」などのような明確な指示や、適切な言葉を用いることが重要です。その他、書き方や形式です。

ここからは、応答の多様性を引き出すためのテクニックについて解説します。ChatGPTは同じプロンプトに対して複数の回答を生成することができますが、その多様性を引き出すためにはいくつかの工夫が必要です。それをこれからお伝えします。

●出力を指定する

プロンプトで厳密に指定することで、出力形式についても指示通りに行ってもらうことができます。

例えば、「レモンの味を教えてください。」だけだと、かなり長い回答を生成することになります。ただ、次のように形式を指定すると、一言で短く答えてくれます。

▼図2-4-1　形式を指定した例

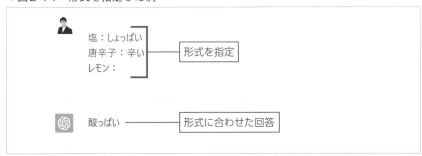

ちなみに、空欄形式にすると、その中に回答を埋めてくれます。

【出力】項目を指示したプロンプト

```
###指示###
出力の空欄部分を埋めてください。
出力：
title:
```

description:

条件:title には、福岡と占い師と恋愛を入れてください。

文脈 (背景)：あなたは占い師みよこです。
占い師みよこの視点から書いてください。
例：占い師みよこです。私は・・・

▼図2-4-2　プロンプトに基づく回答事例

出力：

title: 福岡の占い師みよこが語る恋愛と運命
description: 占い師みよこです。私は福岡で多くの人々の恋愛相談に乗ってきました。恋愛には運命が
絡むことも少なくありません。恋愛運を高めるアドバイスや、運命の人との出会い方など、様々な視点から
恋愛についてお話ししていきます。心の準備を整えて、素敵な恋愛を引き寄せる方法を一緒に探っていき
ましょう。

このように、出力項目に基づいて書いてもらうことができます。

●あらかじめ参照すべき情報を与える

あらかじめ情報の範囲や要素を具体的に示すことで、重要なポイントを
押さえた回答を得ることができます。

```
###指示###
以下の情報をもとに、提案や解決策を述べてください。

情報:
"""
都市部での交通渋滞が深刻化している。交通状況を改善するために、公
```

共交通機関の利用率を高めることが期待されているが、現在の状況では公共交通機関の利便性や頻度に課題がある。したがって、より魅力的な公共交通システムを築く必要がある。
"""

これにより、「情報」の内容に基づいた文章生成を行うことができます。ちなみに生成結果は、プロンプトの質と情報の掛け合わせと言われています。

●ペルソナ設定をおこなう

あらかじめ参照すべき情報を与えるのに近いですが、ペルソナ設定をおこなうことも、高度なプロンプトの一つです。

ペルソナ設定とは、ある商品やサービスのターゲットユーザーを具体的に描写するための架空の人物像です。この設定はマーケティングやプロダクト開発において有用であり、ターゲットユーザーの特徴やニーズを把握し、効果的な戦略を構築するために活用されます。

一般的なデモグラフィック情報（年齢、性別、職業など）だけでなく、その人物の背景、興味・関心など、より深い情報を明示します。これにより、具体的なユーザー像をイメージすることができます。

ChatGPTに対し、次のように指示をおこなってみました。

指示
次の背景に沿ってペルソナ設定を作成してください。

背景：
・40代のサラリーマン女性

・婚活をしている

・結婚相談所に行っている

すると、次のような回答となりました。

▼図2-4-3　ChatGPTが生成したペルソナ設定の事例

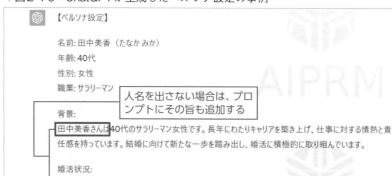

この情報を組み入れて、プロンプトを組み立てていきます。

また、具体的人名を入れない場合は、指示に次の一文を加えるとよいでしょう。

「ただし、具体的に人名を書かないでください。」

これで、架空人物である「田中美香」という名前を出さずに記事を書いてくれます。ただし、実際は、ペルソナ設定の生成結果を用いて記事を書いて

いくことになると思いますので、人名を入れるかどうかは必要に応じて判断してください。

●フィードバックループ

生成結果をフィードバックループによって改善する手法もあります。

ChatGPTは、人間のように文章を作成することができるAIです。しかし、完璧ではなく、時には間違った情報や意味の通じない文章を生成することもあります。

そこで、フィードバックループという手法が使われます。これは、ChatGPTが生成した文章に対して、ユーザーからのフィードバックを取得し、そのフィードバックを使ってChatGPTを改善する方法です。

具体的には、ChatGPTが生成した文章を読んで、それが良い場合は肯定的なフィードバックを与え、悪い場合は修正や追加情報を教えてあげます。そのフィードバックをChatGPTに戻し、ChatGPTはそれを学習して次回以降の文章生成に活かします。

このプロセスを繰り返すことで、より正確で理解しやすい文章を生成するようになります。

以下に具体的な事例を交えて説明します。

修正・改善のフィードバック例

> **ユーザー**：「最近のテクノロジーの進歩について教えてください。」
>
> **ChatGPTの応答**：「最近、テクノロジーの進化は目覚ましいです。」
>
> **ユーザーが修正したフィードバック**：「最近のテクノロジーの進化は目覚ましいですが、具体的な例を教えてください。」

▼図2-4-4　ユーザーが修正したフィードバックの生成結果

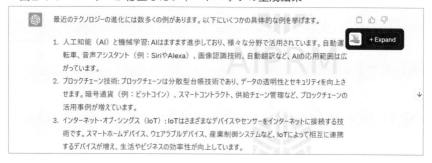

　ユーザーの修正したフィードバックを再度ChatGPTに入力することで、具体的な例を含んだ応答を生成するように学習し、より適切な回答を返すことができます。

　フィードバックループによって、ユーザーのフィードバックを反映させることで、ChatGPTの生成結果の精度と品質を向上させることができます。

　ちなみに、前出の「Prompt Engineering Guide」内にも、「シンプルなプロンプトから始め、結果を向上させるために要素や文脈を追加していくことができます。」と書かれています。

URL https://www.promptingguide.ai/jp/introduction/tips

　まずは目的とする生成に向けて、少しずつ前進していくのもおすすめです。

2.5

要素や形式を押さえた
プロンプトについて

―――●―――― この節のポイント ●――――

▶ ChatGPTが理解しやすいプロンプトとは？
▶ 要素の順序も重要
▶ 要素や形式を押さえたプロンプトとは？

● ChatGPTが理解しやすいプロンプト事例

見出し語や形式を押さえたプロンプトとして、以下のように事例で示していきます。ちなみに、この手順はChatGPTに確認して得た書き方となります。

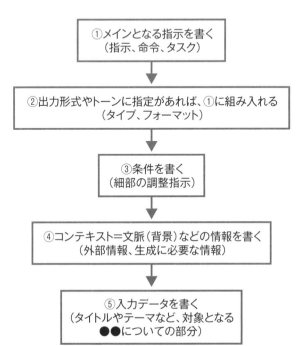

①メインとなる指示を書く
（指示、命令、タスク）

↓

②出力形式やトーンに指定があれば、①に組み入れる
（タイプ、フォーマット）

↓

③条件を書く
（細部の調整指示）

↓

④コンテキスト＝文脈（背景）などの情報を書く
（外部情報、生成に必要な情報）

↓

⑤入力データを書く
（タイトルやテーマなど、対象となる
●●についての部分）

この順番で書いていきます。

> 修飾語を加え、指示語が明確。
> トーンの意思表示を行う
> （形式も指定するなら、後半に加える）

###指示###
商品の特徴をわかりやすく説明し、購買意欲を高めるように、
親しみやすく、明るいトーンでPR文を書いてください。

> 箇条書きにしている

条件:
・商品画像として5枚まで掲載可能です。
・SEO対策にも配慮して、キーワードを適切に使用してください。

> 多重人格であるChatGPTの立場や視点を決める

文脈（背景）:
ビフィズス菌サプリの通販を行っている"㈱セブンアイズ"です。
"㈱セブンアイズ"の視点から書いてください。

> タイトルや商品名などの
> 入力データ

タイトル:ビフィズス菌サプリはいつ飲むの？
商品名:ハッピービオ

　以上のように、明確な要素と、簡潔でわかりやすい文章で記述することで、ChatGPTが理解しやすいプロンプトとなります。
　生成結果は以下の通りです。

【タイトル】ビフィズス菌サプリはいつ飲むの？

【商品名】ハッピービオ

【商品説明文】
みなさん、こんにちは！㈱セブンアイズから、最高のビフィズス菌サプリをご紹介します！それが、ハッピービオです！健康をサポートするために、ぜひお試しください。

【画像1】
[商品画像を挿入]

【特徴説明】
ハッピービオは、ビフィズス菌の力で腸内環境を整えるサプリメントです。おなかの中でビフィズス菌が増えると、元気に過ごすことができるんですよ！おいしく飲めるタブレットタイプなので、毎日のサプリメント摂取が簡単になりました。

【画像2】
[商品画像を挿入]

【おすすめポイント】
まず、ハッピービオのおすすめポイントをご紹介しましょう！まずは、手軽さです！忙しい朝でも、おいしいハッピービオを飲むことで、元気な一日のスタートが切れます。また、安心の国内製造で品質にもこだわっています。信頼のおける製品だから、安心して飲むことができます。

【画像3】
[商品画像を挿入]

【飲み方のポイント】
では、ハッピービオの飲み方のポイントをご説明しますね！ハッピービオは、食後にお水と一緒にお召し上がりください。これにより、腸内でのビフィズス菌の働きを最大限に引き出すことができます。また、毎日継続して飲むことで効果が期待できますので、忘れずにお摂りください。

【画像4】
[商品画像を挿入]

【お客様の声】
ハッピービオを愛用しているお客様からの声もご紹介します！「朝の
ハッピービオで、おなかがスッキリして快調になりました！」との声が
届いています。他のビフィズス菌サプリと比べても、飲みやすさと効果
には定評があります。

【画像5】
[商品画像を挿入]

【まとめ】
いかがでしょうか？ハッピービオは、ビフィズス菌を手軽に摂取でき
るサプリメントです。おいしいタブレットタイプで、毎日の健康サポー
トが楽しくなります。忙しい朝でも、一粒飲むだけで元気な一日がス
タートできますよ！信頼のおける製品であるハッピービオなら、安心
して飲むことができます。ぜひ、健康な腸内環境を手に入れて、ハッ
ピーライフを送りましょう！

※SEO対策キーワード：ビフィズス菌サプリ、ハッピービオ、健康、腸
内環境、タブレットタイプ、手軽、忙しい朝、お客様の声、健康サポー
ト

　短いプロンプトであれば、指示の順序で生成結果が変わることはないは
ずですが、長いプロンプトの場合は、ChatGPTが理解しづらいケースもあ
り、「指示→コンテキスト」のような順番で書くことを推奨します。

第 **3** 章

用途別の
プロンプト作成と
その事例

プロンプトを実践に活かす

3.1

ChatGPTを用いてSEOを組み入れる

● この節のポイント ●

▶ ChatGPTでSEOを組み入れた記事を作成する
▶ AI生成に対するGoogleの見解とは？

●AI生成コンテンツに関するGoogle検索のガイダンスについて

Google検索セントラル内にある「Google 検索セントラル ブログ」で次のように見解を示しています。

> **URL** https://developers.google.com/search/blog/2023/02/google-search-and-ai-content?hl=ja

▼図3-1-1　AI生成コンテンツに関して

制作方法を問わず高品質のコンテンツを評価

> *Google のランキング システムは、E-E-A-T（専門性、エクスペリエンス、権威性、信頼性）で表される品質を満たした、オリジナルかつ高品質のコンテンツを評価することを目的としています。*
>
> *コンテンツがどのように制作されたかではなく、その品質に重点を置く Google の姿勢は、信頼できる高品質な検索結果をユーザーに提供するうえで、長年にわたって有用な指針となってきました。*

つまり、Googleは、制作方法（制作者が人間かAIか）に関わらず、高品質なコンテンツを評価し、信頼性のある検索結果を提供することを目指しているということです。

●簡単にできる SEO の紹介

Webライティングにおいて、SEOは極めて重要ですが、そのSEOについても、AI（ChatGPT）を活用することで効率的に行うことができます。
（SEOについての詳しい解説は行わないので、基礎から勉強される人は、入門書などで勉強することをおすすめします）

ここでは、初心者でも簡単にできるSEOを紹介します。図3-1-2のように、「福岡　料理研究家」という検索で上位表示させるためには、タイトル（title）部分に狙うキーワードを組み入れて、全体を短くします。そして、スニペット（description）部分の冒頭付近にも同様にキーワードを使用します。

3

用途別のプロンプト作成とその事例

▼図3-1-2 「福岡 料理研究家」の検索結果

この施策を、図3-1-3のプロンプト内に条件として組み入れていきます。

▼図3-1-3 条件内にSEOを組み入れたプロンプト事例

###指示###
PRタイトルとPR記事を作成してください。
PR文は2000文字程度、丁寧なトーンで書いてください。

条件：
・PRタイトルには、"福岡"と"料理研究家"を入れて全体を短くしてください。
・PR文の冒頭から40文字以内にも、"福岡"と"料理研究家"を入れてください。

文脈（背景）：あなたは福岡の料理研究家"古川麻水"です。
"古川麻水"の視点から書いてください。

例：料理研究家の古川麻水です。私は・・・

ここで、プロンプト内における2つの重要要素を説明します。

SEOについて

❶PRタイトルに、キーワードを入れて全体を短くしています。

❷PR文の冒頭から40文字以内にキーワードを入れるよう指示してい

ますが、無理やり冒頭に入れて文脈がおかしくならないよう余裕を
持った指示を与えており、可能ならより冒頭付近にキーワードを置
くべきです。

文脈（背景）と例について

❶「あなたは福岡の料理研究家"古川麻水"です。」と書くことで、多重
人格であるChatGPTの立場を決定しています。さらに、エラーを少
なくするために「"古川麻水"の視点から書いてください。」という一
文を加えています。

❷❶のみだと、「古川麻水は・・・」という出だしで生成してくる確率
が高くなるため、「例：料理研究家の古川麻水です。私は・・・」の
ように事例を示すことで、ChatGPTが理解してくれます。

上記を踏まえた生成結果が、図3-1-4です。

▼図3-1-4　生成結果

【PRタイトル】
福岡料理研究家・古川麻水が贈る新たな味覚体験　　　　　キーワードが指定位置に
　　　　　　　　　　　　　　　　　　　　　　　　　　　入っている
【PR記事】
福岡の料理研究家・古川麻水が贈る新たな味覚体験

福岡―これは私が愛する故郷であり、料理への情熱が生まれた場所です。料理研究家の古川麻水と申
します。私は料理を通じて人々に喜びと感動を与えることを使命とし、この素晴らしい土地の食文化を広
めることに情熱を注いでいます。　　　　　「私」で始まっている

私が注目しているのは、福岡の豊かな食材と独自の調理法です。福岡は豊かな自然環境に恵まれ、新
鮮な海の幸や山の幸が豊富に育まれています。それぞれの食材が持つ個性を最大限に引き出し、調理法
との融合によって、驚くべき料理の数々が生まれるのです。

私の料理は、福岡の伝統を尊重しつつも、新たな味覚体験を提案します。伝統的な福岡料理を研究
し、現代の食文化に合わ　↻ Regenerate response　　⤵ Continue generating　とで、新しい料理の可

「福岡」や「料理研究家」のキーワードが指定位置に入っています。また、「古川麻水は・・・」ではなく、きちんと「私は・・・」という出だしで文章が始まっています。

特に、前述の「文脈（背景）と例について」②の「私は・・・」という書き出しについては、書き方に例を示すことが大切です。

図3-1-5を見てください。

▼図3-1-5　例を提示して生成をコントロールする

通常、「レモンの味を教えてください。」と入力すると、生成結果はかなり長い文章になります。しかし、一言で簡潔に回答を生成しています。

●html形式につくりかえる

生成された結果を、html形式に手直しすることもできます。

先ほどの「福岡の料理研究家"古川麻水"」のプロンプト例について、「上記をhtml形式で作成してください。」と指示すると、次のように生成してくれました。

▼図3-1-6　html形式で作成された例

<body>よりも下の部分をhtmlのエディターに貼り付けると、そのまま利用することもできます。

最後に、引用符『"』については、語句を区切る場合に『料理研究家"古川麻水"』のように記述しますが、『料理研究家＋古川麻水』ではなく、『料理研究＋家古川麻水』のように、AIが区切りを誤認識する可能性がある場合は、未然にエラーを防ぐためにも使用するようにしましょう。

色々試していくなかで、確率的には低いのですが、稀に区切り違いによるエラーが発生することもありました。

例えば、『青果物店主税・・・』の場合、『青果物店主＋税・・・』や『青果物店＋主税（ちからさんという苗字）』と区切りが判明しづらい場合は、引用符を使用すべきです。

マーケティング戦略を基礎から構築しWebライティングに活かす

● この節のポイント ●

▶ ペルソナを組み入れマーケティング戦略を改善する

▶ ペルソナをChatGPTで生成する

▶ 生成したペルソナを記事に組み入れる

●ペルソナを文章に組み入れる

2.4でも説明しましたが、ペルソナ設定はマーケティング戦略を基礎から構築するための重要な要素で、顧客の年齢、性別、興味関心、行動パターン、ニーズなどの要素に基づいて作成されるイメージ上の「仮想の人物」です。

このペルソナを文章に組み入れることで、次のようなメリットがあります。

❶読者へのアピール：読者に対してより具体的にアピールすることができます。読者は自分自身をそのペルソナに重ね合わせることができ、文章に共感しやすくなります。

❷コンテンツのパーソナライズ：読者のニーズや関心に合わせて役立つコンテンツに改善できます。例えば、特定のペルソナにとって重要な情報や解決策を提供することができます。

❸マーケティング戦略の改善：ペルソナを考慮に入れることで、マーケティング戦略を改善することができます。読者のニーズや好みを理解し、適切なメッセージやアプローチを選択することができます。

●ペルソナ設定のプロンプト

　実際に、前述のペルソナ設定を、次のような条件でChatGPTに作成して
もらいました（※例：青汁通販専門店たっきー）。

▼図3-2-1　ペルソナ設定のプロンプト

###指示###
下記条件をもとにペルソナを設定してください。

条件：
・40代以上の女性
・運動不足
・不規則な生活

文脈（背景）：青汁通販専門店たっきーです。

　その生成結果が次の内容です。

▼図3-2-2　ペルソナの生成事例

 ペルソナ名: 健康志向の忙しい主婦

背景:
私の名前は田中美和子です。私は青汁通販専門店たっきーのお客様であり、40代の主婦です。日常生活では、仕事や家族の世話に忙しく、自分の健康管理を怠りがちです。運動不足や不規則な生活が悩みの種であり、改善したいと思っています。

目標:
私の目標は、健康な生活を送りながらエネルギッシュに日常生活をこなすことです。運動不足を解消し、不規則な生活リズムを整えることで、体力を向上させ、疲れにくくなりたいと思っています。

ニーズ:
私のニーズは、手軽に摂取できる栄養補助食品を求めています。忙しい生活スタイルに合わせて、簡単に健康習慣を取り入れることができる商品が必要です。また、体調を整えるためのアドバイスや助言も欲しいです。

 ⟳ Regenerate response

好みと行動:

　さらに、上記の生成結果をもとに要約の指示を出して、その中の一部で
ある以下の文章をペルソナとして組み入れます。

健康志向の忙しい40代以上の主婦です。彼女は運動不足や不規則な生活に悩んでおり、健康な生活を送りながらエネルギッシュに日常をこなしたいと願っています。彼女は手軽に摂取できる栄養補助食品を求め、天然由来の成分やオーガニック製品に興味を持っています。彼女はインターネットを情報収集に利用し、青汁通販専門店たっきーのウェブサイトやオンラインショップが便利なチャネルです。彼女はメールやSNSを通じて新商品やセール情報を受け取ることを好みます。

そのうえで、次のようなプロンプトでコラムタイトルとコラム記事を作成してもらいます。

▼図3-2-3 ペルソナを組み入れた記事作成プロンプト

###指示####
コラムタイトルとコラム記事を作成してください。
丁寧なトーンで書いてください。

文脈（背景）：青汁通販専門店たっきーです。
青汁通販専門店たっきーの視点から書いてください。

ペルソナは最後に入力

ペルソナ：
健康志向の忙しい40代以上の主婦です。彼女は運動不足や不規則な生活に悩んでおり、健康な生活を送りながらエネルギッシュに日常をこなしたいと願っています。彼女は手軽に摂取できる栄養補助食品を求め、天然由来の成分やオーガニック製品に興味を持っています。彼女はインターネットを情報収集に利用し、青汁通販専門店たっきーのウェブサイトやオンラインショップが便利なチャネルです。彼女はメールやSNSを通じて新商品やセール情報を受け取ることを好みます。

「ペルソナ」は文脈や入力データに値するため、最後に入力します。生成結果は次の通りです。

▼図3-2-4　生成結果

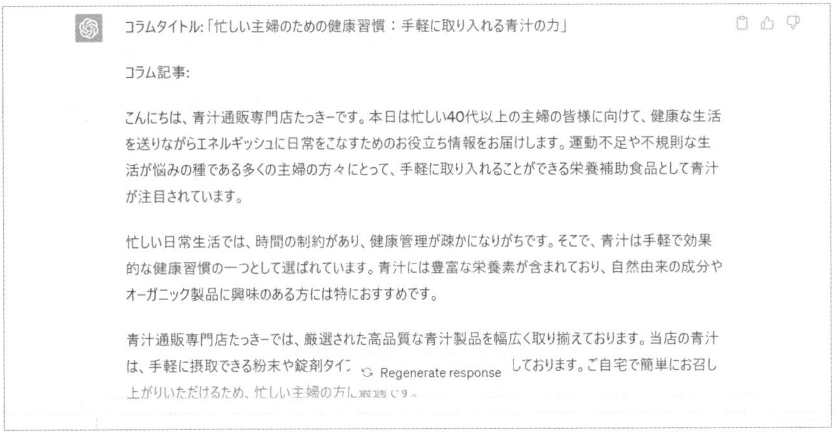

コラムタイトル:「忙しい主婦のための健康習慣：手軽に取り入れる青汁の力」

コラム記事:

こんにちは、青汁通販専門店たっきーです。本日は忙しい40代以上の主婦の皆様に向けて、健康な生活を送りながらエネルギッシュに日常をこなすためのお役立ち情報をお届けします。運動不足や不規則な生活が悩みの種である多くの主婦の方々にとって、手軽に取り入れることができる栄養補助食品として青汁が注目されています。

忙しい日常生活では、時間の制約があり、健康管理が疎かになりがちです。そこで、青汁は手軽で効果的な健康習慣の一つとして選ばれています。青汁には豊富な栄養素が含まれており、自然由来の成分やオーガニック製品に興味のある方には特におすすめです。

青汁通販専門店たっきーでは、厳選された高品質な青汁製品を幅広く取り揃えております。当店の青汁は、手軽に摂取できる粉末や錠剤タイ〜　⟳ Regenerate response　　しております。ご自宅で簡単にお召し上がりいただけるため、忙しい主婦の方に最適です。

このように、具体的なターゲットを組み入れて文章を作成してくれます。

3

用途別のプロンプト作成とその事例

3.3
イメージ画像にChatGPTを利活用する

▶ AI画像生成ツールとは？
▶ AI画像生成プロンプトとは？
▶ AI画像生成の精度を上げるためには？

●AI画像生成ツールとは？

　AI画像生成ツールは、ユーザーが打ち込んだテキストから画像を自動で生成してくれます。

　ただ、プロンプト（打ち込むテキスト）の作り方次第で、生成画像が全く異なり、本来思い描いている画像を生成できないこともあります。

　ここでは、Canvaというサイトで画像生成する方法を紹介します。

　Canvaは、オンラインで使える無料のグラフィックデザインツールです。61万点ものテンプレートと、1億点の素材（写真、動画、イラスト、音楽）があり、簡単に画像を作成することができますが、このCanvaでも、プロンプトを入力すると画像を生成することができます。

　具体的には、Canva内の「Text to Image」というアイコンをクリックして、入力欄に生成したい画像のプロンプトを入力します。最後に、「イメージを作成」というボタンをクリックします。

URL https://www.canva.com/

▼図3-3-1　画像生成のプロンプトを入力した例

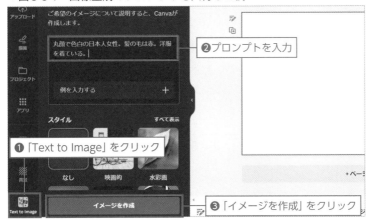

入力したテキスト（画像生成プロンプト）は以下の通りです。

> 丸顔で色白の日本人女性。髪の毛は赤。洋服を着ている。

すると、次のように画像生成してくれます。

▼図3-3-2　生成結果

●生成画像の精度を上げる

先ほどのプロンプト「丸顔で色白の日本人女性。髪の毛は赤。洋服を着ている。」はかなり抽象的なので、生成結果にむらがあります。図3-3-2については、偶然まずまずの結果でしたが、実は、思った通りにならないことの方が多いようで、例えば特定の国を指定しても、他の国の人に見える画像が生成されるといったケースが発生します。

そこで、画像生成のプロンプトもChatGPTに作ってもらいます。

以下の例は、韓国人女性の特徴を捉えた画像生成のプロンプトです。

▼図3-3-3　ChatGPTに画像生成プロンプトを指示した例

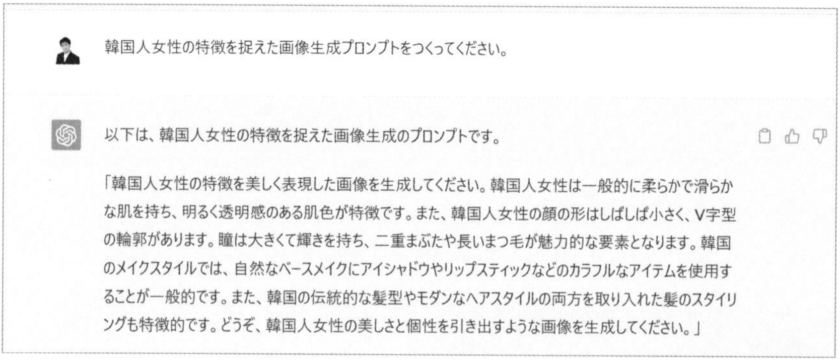

> 韓国人女性の特徴を捉えた画像生成プロンプトをつくってください。
>
> 以下は、韓国人女性の特徴を捉えた画像生成のプロンプトです。
>
> 「韓国人女性の特徴を美しく表現した画像を生成してください。韓国人女性は一般的に柔らかで滑らかな肌を持ち、明るく透明感のある肌色が特徴です。また、韓国人女性の顔の形はしばしば小さく、V字型の輪郭があります。瞳は大きくて輝きを持ち、二重まぶたや長いまつ毛が魅力的な要素となります。韓国のメイクスタイルでは、自然なベースメイクにアイシャドウやリップスティックなどのカラフルなアイテムを使用することが一般的です。また、韓国の伝統的な髪型やモダンなヘアスタイルの両方を取り入れた髪のスタイリングも特徴的です。どうぞ、韓国人女性の美しさと個性を引き出すような画像を生成してください。」

「韓国人女性の特徴を美しく表現した画像を生成してください。韓国人女性は一般的に柔らかで滑らかな肌を持ち、明るく透明感のある肌色が特徴です。また、韓国人女性の顔の形はしばしば小さく、V字型の輪郭があります。瞳は大きくて輝きを持ち、二重まぶたや長いまつ毛が魅力的な要素となります。韓国のメイクスタイルでは、自然なベースメイクにアイシャドウやリップスティックなどのカラフルなアイテムを使用することが一般的です。また、韓国の伝統的な髪型やモダンなヘアスタイルの両方を取り入れた髪のスタイリングも特徴的です。どうぞ、韓国人女性の美しさと個性を引き出すような画像を生成してください。」

この生成したテキストを、同様にCanvaにコピー＆ペーストして生成してみます。すると、次のような結果になりました。

▼図3-3-4　生成した韓国人女性の特徴を捉えた画像

この例であれば、HP内における韓国コスメのイメージモデルとしての活用も考えられます。このように、AI画像を活かすシーンは増えてくることでしょう。

●画像生成プロンプトは英語入力が多い

ちなみに、Canvaは日本語のプロンプトで問題無いのですが、その他のAI画像生成ツールは、ほとんど英語で入力します。そこで活用したいのが、2.2でも取り上げている、オンラインで利用することができる翻訳サイト「DeepL　翻訳」です。

URL https://www.deepl.com/ja/translator

3

用途別のプロンプト作成とその事例

▼図3-3-5　DeepL 翻訳

　さらに画像生成の精度を上げたい場合は、「DeepL Write」もおすすめです。入力した文章を、さらにレベルの高いものへと改善してくれます。

URL https://www.deepl.com/ja/write

▼図3-3-6　DeepL Write

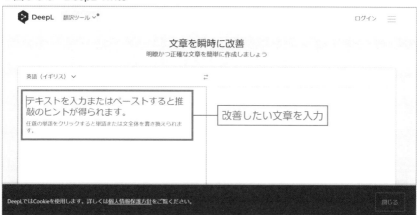

左側に英語で文章を入力すると、右側に改善した文章を表示してくれます。文章のレベルによってAIの生成も変わりますので、著者も重宝しています。

▼図3-3-7　DeepL Writeで文章を改善した例

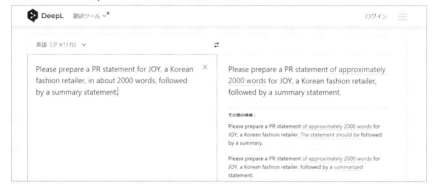

━━━━━━━━━━━━● この節のポイント ●━━━━━━━━━━━━

▶ SNSへの転用方法を理解する

▶ 微調整するための形式プロンプトを組み入れる

● SNSと公式サイトを併用する

最近はInstagramの他に、PinterestやTikTok、Lemon8など、さまざまなSNSが台頭してきました。そして、公式サイトとSNSの両方を運営している人も増えてきています。

複数のホームページやSNSの運営においても、ChatGPTを利用することで効率化が可能です。運営サイト内のコンテンツの内容をそれぞれ変更しなくとも、文字数を変更（要約）してもらうだけで、簡単にコンテンツを作成することができます。

例えばPinterestなら500文字以内などの制限があるため、次のような利活用を推奨します。

利活用の例

```
┌─────────────────────────┐
│ Webサイト用に2000文字程度で │
│      記事を生成してもらう      │
└─────────────────────────┘
            │
            ▼
┌─────────────────────────┐
│ 2000文字程度で生成した記事を、 │
│ Pinterest用に500文字で要約してもらう │
└─────────────────────────┘
```

具体的なやり方を見てみましょう。まずは、3.1と同様に基本的なSEOを組み入れたブログ投稿を行います。

▼図3-4-1　PRタイトルとPR文の作成指示

###指示###
PRタイトルとPR文を作成してください。
2000文字程度で書いてください。

条件：
・PRタイトルには、ピアノと個人レッスンと糟屋郡を入れて短くしてください。
・PR文の冒頭から40文字以内にも、ピアノと個人レッスンと糟屋郡を入れてください。

文脈（背景）：たっきー音楽サロンです。
たっきー音楽サロンの視点から書いてください。

そして、その生成結果に対して、「上記をInstagram向けに編集してください。4枚のフィード投稿です。」と指示を出すと、次のように生成してくれました。

▼図3-4-2　Instagram用に編集した生成結果

‹ 2/6 ›　上記をInstagram向けに編集してください。4枚のフィード投稿です。

‹ 1/2 ›　フィード投稿1:
[画像: 糟屋郡の美しい風景が広がる背景。ピアノの上に花を飾り、講師と生徒が楽しそうに演奏している様子。]
キャプション: 🎹💃 糟屋郡で最高のピアノ個人レッスンを体験しませんか？たっきー音楽サロンでは、美しい自然の中でピアノに集中できる特別な空間をご用意しています。講師との一対一のレッスンで、あなたの音楽の夢を叶えましょう。詳細はプロフィールのリンクからチェックしてください。✨🎵 #糟屋郡 #ピアノ個人レッスン #たっきー音楽サロン

フィード投稿2:
[画像:ピアノ演奏中の生徒の手とピアノの鍵盤のクローズアップ。]
キャプション: 🎹🎵 個人レッスンならではのカスタマイズされた指　▷ Continue generating　🖉 Editing Disabled
んか？たっきー音楽サロンでは、初心者から上級者まで幅広いレベルに対応したプログラムを提供していま

Send a message

フィード投稿1を抜粋して説明していきます。

フィード投稿1:
[画像：糟屋郡の美しい風景が広がる背景。ピアノの上に花を飾り、講師と生徒が楽しそうに演奏している様子。]
キャプション：（絵文字）糟屋郡で最高のピアノ個人レッスンを体験しませんか？たっきー音楽サロンでは、美しい自然の中でピアノに集中できる特別な空間をご用意しています。講師との一対一のレッスンで、あなたの音楽の夢を叶えましょう。詳細はプロフィールのリンクからチェックしてください。（絵文字）#糟屋郡 #ピアノ個人レッスン #たっきー音楽サロン

　このように、生成したPR文をもとに、Instagram用に作成してくれました。

画像
「糟屋郡の美しい風景が広がる背景。ピアノの上に花を飾り、講師と生徒が楽しそうに演奏している様子。」

　応用として、3.3のようにAIに画像を作成してもらうこともできます。

キャプション
「（絵文字）糟屋郡で最高のピアノ個人レッスンを体験しませんか？たっきー音楽サロンでは、美しい自然の中でピアノに集中できる特別な空間をご用意しています。講師との一対一のレッスンで、あなたの音楽の夢を叶えましょう。詳細はプロフィールのリンクからチェックしてください。」

　絵文字やプロフィールへの導線まで書いてくれました。

> #タグ
> 「#糟屋郡 #ピアノ個人レッスン #たっきー音楽サロン」

具体的な#タグまで生成してくれました。

ちなみに、「#ピアノ個人レッスン」については、オンラインで指導できるのであれば問題無いのですが、教室で行う場合は、#糟屋郡ピアノ個人レッスン　のように「地域名＋●●」も組み入れることを推奨します。その場合は、次のように#タグの条件をプロンプトに組み入れるとよいでしょう。

> プロンプトの一例：
>
> ただし、#については一部"糟屋郡"を入れてください。
> 例：#糟屋郡ピアノレッスン　#糟屋郡音楽教室・・・

Pinterestなど他SNSでの利活用

Pinterestの場合は、「ピンの説明文を追加する」部分に文章を挿入しますが、最大500文字ですので、プロンプトは、「上記を500文字以内で要約してください。」と指示をして、生成文章を次の図にコピー＆ペーストを行うと、時短で行うことができます。

3

用途別のプロンプト作成とその事例

▼図3-4-3　Pinterestの編集画面

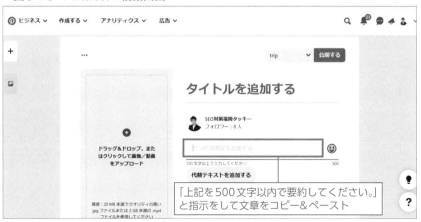

　同様に、他のSNSも文字数などの制限をもとに行っていきますが、プロンプトに指示を与えることで、HPとSNSを時短で併用していくこともできます。

3.5

ECサイトに活用する

━━━━━━●━━ この節のポイント ●━━━━━━

▶ プロンプトをシンプルにスタートさせる
▶ 生成結果に基づいてブラッシュアップする

●商品名を提案してもらう

ECサイトで商品を売っていく際に、商品名は特に重要です。名前の持つパワーで売れ行きも大きく変わってきます。だからこそ、商品名のアイデアもChatGPTに提案してもらいましょう。

まずは最低限の条件だけを入れて指示を出してみます。

▼図3-5-1　商品名提案のプロンプト

###指示###
商品名を１０個提案してください。

条件：
"よもぎ蒸し"を必ず入れてください。

商品：よもぎ蒸し入浴剤

すると、次のように商品名を10個提案してくれました。

▼図3-5-2 商品提案の生成結果

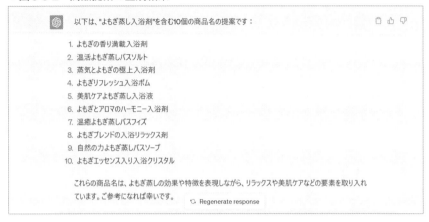

この生成結果において「ソルト」という名前もありますが、商品に入っていない場合は、「ソルト」を外すよう、再度指示すればよいのです。

▼図3-5-3 「ソルト」を外すプロンプト

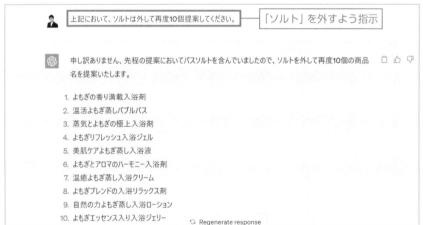

このことが、第2章でも案内した「Prompt Engineering Guide」内の「プロンプトをデザインするための一般的なヒント」に書かれています。

URL https://www.promptingguide.ai/jp/introduction/tips

シンプルに始める

プロンプトのデザインを始めるときは、それが実際には反復的なプロセスであり、最適な結果を得るには多くの実験が必要であることに留意する必要があります。OpenAI または Cohere のシンプルなプレイグラウンドを使用するのが良い出発点です。

単純なプロンプトから始めて、より良い結果を目指して要素やコンテキストを追加し続けることができます。このため、途中でプロンプトを繰り返すことが重要です。

　つまり、要素やコンテキストを後から追加してブラッシュアップしてもよいのです。むしろ、1つのプロンプトだけで解決できない場合の方が多いため、複数回で最終ゴールに近づけていきましょう。

3.6

Webコンテンツのタイトルや見出しを作成する

● この節のポイント ●

▶ タイトルをChatGPTに考案してもらう

▶ 拡張機能を利活用する

▶ Keyword Strategyでタイトルとディスクリプションを作成する

●クリック率を左右する「タイトル」もAIに提案してもらう

　ブログやまとめサイトなど、Webコンテンツのタイトルはクリック率に非常に大きな影響を与えます。Googleの検索結果やTwitterなどの省略されない範囲のツイート部分など、文字制限の範囲内できちんとアピールすることが大切です。

▼図3-6-1　記事タイトル

　図は、「マッチングアプリ、こんな男はやめとけ」というタイトルです。イ
ンパクトや興味を持つような書き方であることが重要です。

●拡張機能「AIPRM for ChatGPT（略称:AIPRM）」の「Keyword Strategy」を利活用する

　1.5でも紹介したAIPRMという拡張機能内「Keyword Strategy」を利活
用すると、タイトルのアイデアを提案してくれます。

　右上の「Chromeに追加」というボタンを押すとAIPRMが利用できます。
詳しくは1.5を参照してください。

▼図3-6-2　Keyword Strategy

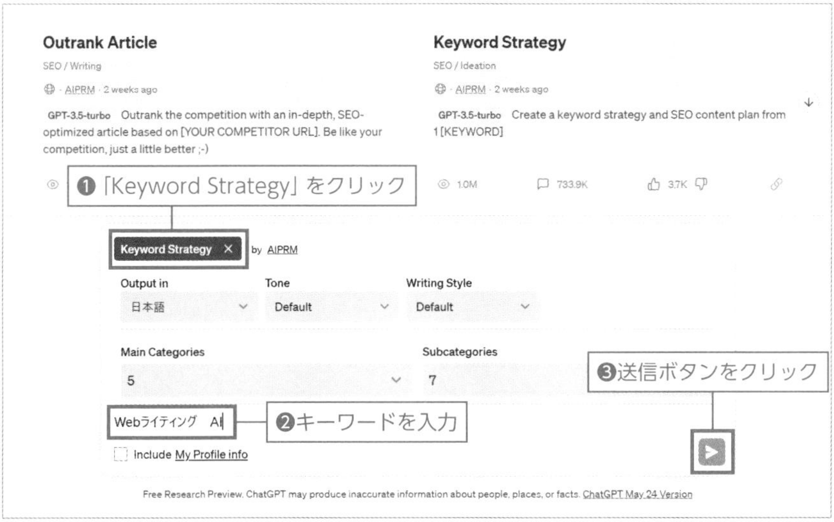

　その後、「Keyword Strategy」をクリック→下の入力欄にキーワードを入
力し、最後に右側にある「紙飛行機ボタン」を押すと、次のように提案して
くれます。

　ちなみに、入力したキーワードは「Webライティング　AI」です。

▼図3-6-3 Keyword Strategy の生成結果

●文章から提案してもらう

　文章が既に存在していて、その文章を元にタイトルを検討する際には、以下のように指示を行うと提案してくれます。

▼図3-6-4 タイトル提案の指示と生成結果

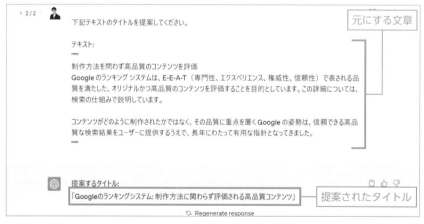

　このように、ChatGPT はさまざまなシーンで活用することができます。

プレスリリースに活用する（Web版）

● この節のポイント ●

▶ ChatGPTをプレスリリースに活かす

▶ プレスリリースに必要なプロンプトとは？

● Web版のプレスリリースとは？

インターネット上で公開される形式のプレスリリースです。従来の印刷メディアや電子メールに代わり、Webサイトやプレスリリース配信サービスを通じて、情報を迅速かつ広範囲に発信できるようになりました。

また、オンラインメディアだけでなく、ソーシャルメディアなどでも拡散されます。そのため、企業や団体の広報戦略の一部として、オンライン上での露出や認知度向上を図るために利用されます。

● プレスリリースをChatGPTに作成してもらう

次ページの図3-7-1のように文脈（背景）や入力データ、条件を入力し、プレスリリースのプロンプトを作成してみました。

▼図3-7-1　プレスリリース作成のプロンプト

< 2/2 >

###指示###
プレスリリースを作成してください。

条件：
・発売開始は8月25日
・福岡県限定販売

販売元：㈱セブンアイズ
商品の特徴：刺激的で体験したことない味

商品：明太コーヒー
価格：税込み358円

すると、次のような生成結果を得ることができました。

▼図3-7-2　生成結果

[セブンアイズ㈱]

新商品「明太コーヒー」8月25日より福岡県限定販売開始

セブンアイズ㈱は、お客様に常に新たな驚きと興奮を提供することをモットーに、独自の商品開発に取り組んでまいりました。この度、新たなる挑戦として、「明太コーヒー」を発売いたします。

「明太コーヒー」は、福岡県内でのみお楽しみいただける限定販売商品です。この地域にお住まいの皆様に感謝の気持ちを込めて、特別な味わいをお届けいたします。

当商品の最大の特徴は、刺激的で体験したことのない味わいです。明太子の濃厚な旨みとコーヒーの豊かな香りが融合し、予想を超える驚きと満足感をお届けします。一口飲んだ瞬間から広がる奇跡の調和は、あなたの味覚を新たな領域へと誘います。

価格は税込み358円となっております。このリーズナブルな価格設定で、多くの方々に「明太コーヒー」をお楽しみいただけることを願っております。

↻ Regenerate response

[セブンアイズ㈱]

新商品「明太コーヒー」8月25日より福岡県限定販売開始

セブンアイズ㈱は、お客様に常に新たな驚きと興奮を提供することをモットーに、独自の商品開発に取り組んでまいりました。この度、新たなる挑戦として、「明太コーヒー」を発売いたします。

「明太コーヒー」は、福岡県内でのみお楽しみいただける限定販売商品です。この地域にお住まいの皆様に感謝の気持ちを込めて、特別な味わいをお届けいたします。

当商品の最大の特徴は、刺激的で体験したことのない味わいです。明太子の濃厚な旨みとコーヒーの豊かな香りが融合し、予想を超える驚きと満足感をお届けします。一口飲んだ瞬間から広がる奇跡の調和は、あなたの味覚を新たな領域へと誘います。

価格は税込み358円となっております。このリーズナブルな価格設定で、多くの方々に「明太コーヒー」をお楽しみいただけることを願っております。

なお、「明太コーヒー」は8月25日より福岡県内のセブンアイズ㈱直営店舗にて販売開始されます。数量限定のため、お早めにお買い求めいただけますようお願い申し上げます。

セブンアイズ㈱は、今後もお客様に新たな体験と感動を提供するため、さまざまな商品の開発に取り組んでまいります。引き続きご愛顧いただきますよう、心よりお願い申し上げます。

【会社概要】
会社名：セブンアイズ㈱
所在地：〒123-4567 〇〇市〇〇区〇〇町1-2-3
設立年月日：20XX年XX月XX日
代表取締役：山田太郎

URL：http://www.seveneyes.co.jp
＜お問い合わせ先＞
セブンアイズ㈱　広報部
担当：山田花子
TEL：012-3456-7890
Email：info@seveneyes.co.jp

●プロンプトの項目に迷った場合

　筆者がよく利用するのが、テーマに必要な項目そのものを聞いていくという手法です。第1章で、「ChatGPTのことはChatGPTに聞いた方がよい」というお話をしました。

　図3-7-3のように、「プレスリリースに必要な項目を教えてください。」という指示をすると、必要項目を網羅してくれます。

▼図3-7-3　プレスリリースに必要な項目を尋ねたプロンプト

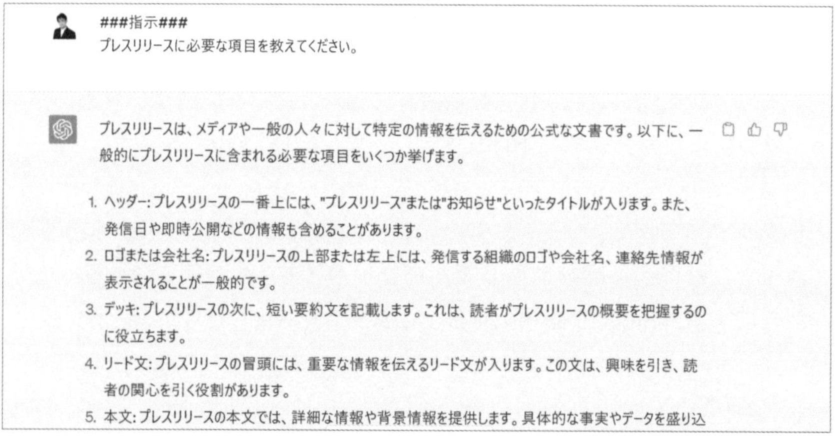

###指示###
プレスリリースに必要な項目を教えてください。

プレスリリースは、メディアや一般の人々に対して特定の情報を伝えるための公式な文書です。以下に、一般的にプレスリリースに含まれる必要な項目をいくつか挙げます。

1. ヘッダー：プレスリリースの一番上には、"プレスリリース"または"お知らせ"といったタイトルが入ります。また、発信日や即時公開などの情報も含めることがあります。
2. ロゴまたは会社名：プレスリリースの上部または左上には、発信する組織のロゴや会社名、連絡先情報が表示されることが一般的です。
3. デッキ：プレスリリースの次に、短い要約文を記載します。これは、読者がプレスリリースの概要を把握するのに役立ちます。
4. リード文：プレスリリースの冒頭には、重要な情報を伝えるリード文が入ります。この文は、興味を引き、読者の関心を引く役割があります。
5. 本文：プレスリリースの本文では、詳細な情報や背景情報を提供します。具体的な事実やデータを盛り込

　その後、図3-7-2の情報を抽出し、「上記（図3-7-3）に当てはめて・・・」というプロンプトが、図3-7-4となります。

▼図3-7-4　項目から考案してもらって情報を組み入れたプロンプト

###指示###
上記に当てはめて、プレスリリースを作成してください。

条件：
・発売開始は8月25日
・福岡県限定販売

販売元：㈱セブンアイズ
商品の特徴：刺激的で体験したことない味

商品：明太コーヒー
価格：税込み358円

生成結果は次の内容です。

プレスリリース
発信日：2023年7月13日（即時公開）

㈱セブンアイズが8月25日に福岡県限定で新商品「明太コーヒー」の販売を開始

福岡県、2023年7月13日 - ㈱セブンアイズは、刺激的で体験したことのない味わいが特徴の新商品「明太コーヒー」の販売を、8月25日より福岡県限定で開始することを発表しました。

「明太コーヒー」は、福岡県の食文化を象徴する明太子の風味とコーヒーの濃厚な味わいを融合させた斬新なコンビネーションです。一口飲めば、独特な旨味と刺激的な香りが口いっぱいに広がり、従来のコーヒーにはない新たな感覚を味わうことができます。

「明太コーヒー」は、コーヒーラバーを中心に幅広い層の方々に向けて提供されます。福岡県内のセブンアイズ直営店舗にて、8月25日より販売を開始いたします。

「明太コーヒー」の価格は税込み358円となります。

㈱セブンアイズの広報担当者は次のようにコメントしています。「「明太コーヒー」は福岡県ならではの魅力的な組み合わせで、食べ物や飲み物に新たなエクスペリエンスを求める方々にぜひお試しいただきたい商品です。私たちは福岡県の地域特産品を活かし、お客様に新たな味わいを提供することに注力しています。」

詳細な情報やメディアへのお問い合わせは、以下の連絡先までご連絡ください。

［連絡先］
㈱セブンアイズ広報担当
担当者名：○○○○○○○○
電話番号：○○○-○○○-○○○○
メールアドレス：○○○○○○@seveneyes.co.jp

　以上がプレスリリースの例です。先ほどとは少し違った言い回しで作成してくれました。

　実際のプレスリリースでは、○○○○○○○○○や詳細な情報を適切なデータや個別の連絡先情報に置き換えてください。また、内容や表現は必要に応じてカスタマイズしてください。

　このように、限られたコンテキスト（情報）から膨らませることもできるので、まずは簡単なプロンプトから始めるのもおすすめです。

3.8 オンラインショップの商品説明文を作成する

━━━━━● この節のポイント ●━━━━━

▶ オンラインショップの必要項目を網羅する
▶ オンラインショップの強みをChatGPTに考案してもらう

3
用途別のプロンプト作成とその事例

●準備：情報収集と整理

オンラインショップの商品説明をChatGPTに書いてもらいましょう。商品の説明文は、商品のコンバージョン率に大きく左右します。買いたいと思ってもらえる商品説明を作成していくうえで、ChatGPTは強い味方になります。

まず、オンラインショップの商品説明文を書くための手順を調べます。

▼図3-8-1　商品説明文を書くための手順を尋ねるプロンプト

###指示###
当社のオンラインショップの商品説明文を書くための手順を教えてください。

文脈（背景）：青汁通販専門店"たっきー"です。
青汁通販専門店"たっきー"の視点から書いて下さい。

商品:青汁

115

▼図3-8-2 商品説明文を書くための手順を尋ねた生成結果

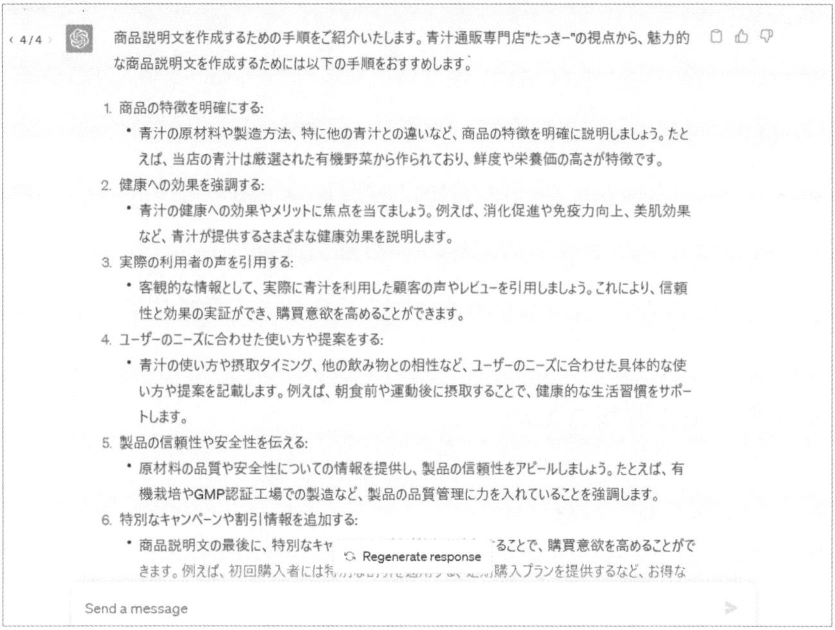

商品説明文を作成するための手順をご紹介いたします。青汁通販専門店"たっきー"の視点から、魅力的な商品説明文を作成するためには以下の手順をおすすめします。

1. 商品の特徴を明確にする:
   • 青汁の原材料や製造方法、特に他の青汁との違いなど、商品の特徴を明確に説明しましょう。たとえば、当店の青汁は厳選された有機野菜から作られており、鮮度や栄養価の高さが特徴です。
2. 健康への効果を強調する:
   • 青汁の健康への効果やメリットに焦点を当てましょう。例えば、消化促進や免疫力向上、美肌効果など、青汁が提供するさまざまな健康効果を説明します。
3. 実際の利用者の声を引用する:
   • 客観的な情報として、実際に青汁を利用した顧客の声やレビューを引用しましょう。これにより、信頼性と効果の実証ができ、購買意欲を高めることができます。
4. ユーザーのニーズに合わせた使い方や提案をする:
   • 青汁の使い方や摂取タイミング、他の飲み物との相性など、ユーザーのニーズに合わせた具体的な使い方や提案を記載します。例えば、朝食前や運動後に摂取することで、健康的な生活習慣をサポートします。
5. 製品の信頼性や安全性を伝える:
   • 原材料の品質や安全性についての情報を提供し、製品の信頼性をアピールしましょう。たとえば、有機栽培やGMP認証工場での製造など、製品の品質管理に力を入れていることを強調します。
6. 特別なキャンペーンや割引情報を追加する:
   • 商品説明文の最後に、特別なキャ　　　　　　　ことで、購買意欲を高めることができます。例えば、初回購入者には　　　　　　　　　　購入プランを提供するなど、お得な

Send a message

ChatGPTの回答

商品説明文を作成するための手順をご紹介いたします。青汁通販専門店"たっきー"の視点から、魅力的な商品説明文を作成するためには以下の手順をおすすめします。

1. 商品の特徴を明確にする:
　- 青汁の原材料や製造方法、特に他の青汁との違いなど、商品の特徴を明確に説明しましょう。たとえば、当店の青汁は厳選された有機野菜から作られており、鮮度や栄養価の高さが特徴です。

2. 健康への効果を強調する:
　- 青汁の健康への効果やメリットに焦点を当てましょう。例えば、消

化促進や免疫力向上、美肌効果など、青汁が提供するさまざまな健康効果を説明します。

3. 実際の利用者の声を引用する：

　- 客観的な情報として、実際に青汁を利用した顧客の声やレビューを引用しましょう。これにより、信頼性と効果の実証ができ、購買意欲を高めることができます。

4. ユーザーのニーズに合わせた使い方や提案をする：

　- 青汁の使い方や摂取タイミング、他の飲み物との相性など、ユーザーのニーズに合わせた具体的な使い方や提案を記載します。例えば、朝食前や運動後に摂取することで、健康的な生活習慣をサポートします。

5. 製品の信頼性や安全性を伝える：

　- 原材料の品質や安全性についての情報を提供し、製品の信頼性をアピールしましょう。たとえば、有機栽培やGMP認証工場での製造など、製品の品質管理に力を入れていることを強調します。

6. 特別なキャンペーンや割引情報を追加する：

　- 商品説明文の最後に、特別なキャンペーンや割引情報を追加することで、購買意欲を高めることができます。例えば、初回購入者には特別な割引を適用する、定期購入プランを提供するなど、お得な情報を記載します。

以上の手順に基づいて、青汁の魅力的な商品説明文を作成することができます。商品の特徴や健康効果を強調し、信頼性や安全性を伝えることで、顧客の関心を引きつけることができるでしょう。

3

用途別のプロンプト作成とその事例

次に、手順に従ってChatGPTに文章を生成してもらいます。ChatGPTの回答を見ながら、不十分なところや誤りの部分を修正していきます。

▼図3-8-3　手順に沿った内容を生成してもらうプロンプト

###指示###
上記の手順をもとに、各ステップに沿って考えられる内容を箇条書きで書いて下さい。

文脈（背景）：青汁通販専門店"たっきー"です。
青汁通販専門店"たっきー"の視点から書いて下さい。

商品:青汁

▼図3-8-4　手順に沿った内容の生成結果

‹ 3/3 ›　以下は、各ステップに沿って考えられる内容の箇条書き例です。

1. 商品の特徴を明確にする:
   * 有機野菜を厳選し、新鮮な状態で製造された青汁
   * 栄養価が高く、ビタミンやミネラルを豊富に含む
   * 添加物や人工的な成分を一切使用していない
   * 優れた吸収率で、体内に栄養素を効果的に届ける
2. 健康への効果を強調する:
   * 消化促進によるスッキリ感と快便効果
   * 免疫力向上で風邪や病気から身を守る
   * 美肌効果による肌の透明感とツヤ
   * 酵素や食物繊維の働きによるデトックス効果
3. 実際の利用者の声を引用する:
   * "たっきー"の青汁を飲んでから体調が良くなりました！ - 田中さん
   * 青汁のおかげで朝の目覚めが爽やかになりました！ - 山田さん
   * 元気な毎日を過ごすために青汁を愛飲しています。- 佐藤さん
4. ユーザーのニーズに合わせた使い方や提案をする:
   * 朝食前に飲むことで一日のエネルギーをアップさせる
   * 運動後に摂取することで回復力を高める
   * 毎日の健康習慣として、食事と一緒に摂ることをおすすめする
   * 青汁をスムージーやヨーグルトに混ぜて飲むことでバリエーションを楽しむ
5. 製品の信頼性や安全性を伝える:
   * 有機栽培で栽培された野菜を使用している

⟳ Regenerate response

Send a message　　　　　　　　　　　　　　　　　　　>

ChatGPTの回答

以下は、青汁通販専門店"たっきー"の視点から各ステップに沿って考えられる内容の箇条書きです。

1. 商品の特徴を明確にする:
　- 当店の青汁は厳選された有機野菜から作られています。
　- 鮮度が高く、栄養価が豊富な青汁です。
　- 他の青汁と比べて風味や飲みやすさにもこだわっています。

2. 健康への効果を強調する:
　- 青汁には消化促進や免疫力向上、美肌効果などさまざまな健康効果があります。
　- 日常の食事に取り入れることで、栄養バランスを整え、健康的な生活をサポートします。
　- 体の内側から健康美を実感できる青汁です。

3. 実際の利用者の声を引用する:
　-「たっきーの青汁を飲むようになってから、体調が良くなりました」というお客様の声があります。
　-「青汁の味が苦手だったけど、たっきーの青汁は飲みやすくてお気に入りです」という声もあります。
　-「毎日の朝食に青汁を取り入れることで、疲れにくくなりました」というお客様の声もあります。

4. ユーザーのニーズに合わせた使い方や提案をする:
　- 朝食前に青汁を摂ることで、1日の栄養をしっかり補給しましょう。
　- 運動後に青汁を飲むことで、リカバリーをサポートします。
　- 青汁を他の飲み物に混ぜて楽しむこともできます。例えば、フルーツジュースやヨーグルトに混ぜて飲むと美味しくいただけます。

5. 製品の信頼性や安全性を伝える:

　- 当店の青汁は有機栽培された野菜を使用しており、品質にはこだわっています。

　- 製造はGMP認証工場で行っており、衛生管理にも徹底的に取り組んでいます。

　- 安心してお召し上がりいただける高品質な青汁です。

6. 特別なキャンペーンや割引情報を追加する:
　- 初回購入者には特別な割引をご用意しています。
　- 定期購入プランを利用すると、割引や特典が受けられます。
　- 期間限定のキャンペーン情報もお見逃しなく。

以上の内容をもとに、青汁の魅力的な商品説明文を作成することができます。各ステップごとに適切な情報を盛り込んで、顧客の関心を引きつける文章を作成しましょう。

一般的な青汁の特徴やニーズなどわかりやすくまとめてくれました。

●商品説明文をChatGPTに書いてもらう

情報収集と整理ができたら、実際に商品説明文をChatGPTに書いてもらいます。

▼図3-8-5　商品説明文のプロンプト

###指示###
上記の全ての情報をもとに、商品説明文を書いて下さい。
400字程度、キャッチ―な言葉選びで書いて下さい。

条件：初回お得に買えるキャンペーンあり。

文脈（背景）：青汁通販専門店"たっき―"です。
青汁通販専門店"たっき―"の視点から書いて下さい。

商品:青汁

指示にキャッチーな言葉で書いてくれるよう追加し、さらに条件にキャンペーンを含めるよう追加しています。

▼図3-8-6　商品説明の生成結果（400文字程度）

【商品説明文】
青汁通販専門店"たっきー"から、あなたの健康をサポートする特別な青汁をご紹介します。当店の青汁は、厳選された有機野菜を贅沢に使用し、鮮度と栄養価にこだわった逸品です。消化促進、免疫力向上、美肌効果など、数々の健康効果を秘めています。お客様からの喜びの声も多数寄せられており、「体調が良くなった」という声や「飲みやすくてお気に入り」という声が届いています。また、当店の青汁は安心・安全な製造工程を経ており、有機栽培野菜とGMP認証工場での製造による品質管理に徹底的に取り組んでいます。さらに、今なら初回購入者に特別な割引をご提供中！定期購入プランもご利用いただけますので、お得に健康生活を始めましょう。健康美を手に入れるなら"たっきー"の青汁で決まりです！詳細はウェブサイトでご確認ください。

参考までに、商品の特徴を詳しく800文字程度で書いた場合も載せておきます。

▼図3-8-7　商品の特徴を詳しく書いた生成結果（800文字程度）

【商品説明文】
"たっきー"青汁通販専門店へようこそ！あなたの健康を最高レベルでサポートする、特別な青汁をお届けします。当店の青汁は、自然の恵みが詰まった厳選された有機野菜を贅沢に使用し、鮮度と栄養価を徹底的に追求しました。その結果、一口飲んだ瞬間から全身に広がる活力と満たされた感覚を実感していただけるでしょう。

当店の青汁には、驚くべき健康効果がたくさん詰まっています。消化促進効果により、スムーズな代謝と快適な胃腸環境をサポート。免疫力向上により、季節の変わり目やウイルスからの防御力を高めます。さらに、美肌効果も期待でき、内側から輝く美しさを手に入れることができます。

青汁を愛飲する多くのお客様からは、喜びの声が届いています。「たっきーの青汁を飲むようになってから、朝の目覚めが爽やかになり、体調も安定しています」という声や、「青汁の味が苦手だったけど、たっきーの青汁は飲みやすくて毎日楽しみです」という声が寄せられています。お客様の喜びと幸せを実感していただけるのが、私たちの最大の喜びです。

安心してご購入いただけるよう、当店の青汁は厳しい品質管理基準に基づいて製造されています。有機栽培された野菜のみを使用し、GMP認証工場での製造を実施。衛生面にも徹底的なこだわりを持ち、安全性と品質の両方を保証しています。健康は何よりも大切な財産ですので、私たちはお客様に安心してお召し上がりいただける製品を提供することをお約束します。

そして、この機会にぜひ初めて青汁を試してみてください。なんと、今なら初回購入者には特別な割引をご用意しております。お得にお試しいただくことができる絶好のチャンスです。また、定期購入プランもご利用いただけますので、ご自身の健康を継続的　⟳ Regenerate response

Send a message

3

用途別のプロンプト作成とその事例

ChatGPTの回答

【商品説明文】

"たっきー"青汁通販専門店へようこそ！あなたの健康を最高レベルでサポートする、特別な青汁をお届けします。当店の青汁は、自然の恵みが詰まった厳選された有機野菜を贅沢に使用し、鮮度と栄養価を徹底的に追求しました。その結果、一口飲んだ瞬間から全身に広がる活力と満たされた感覚を実感していただけるでしょう。

当店の青汁には、驚くべき健康効果がたくさん詰まっています。消化促進効果により、スムーズな代謝と快適な胃腸環境をサポート。免疫力向上により、季節の変わり目やウイルスからの防御力を高めます。さらに、美肌効果も期待でき、内側から輝く美しさを手に入れることができます。

青汁を愛飲する多くのお客様からは、喜びの声が届いています。「たっきーの青汁を飲むようになってから、朝の目覚めが爽やかになり、体調も安定しています」という声や、「青汁の味が苦手だったけど、たっきーの青汁は飲みやすくて毎日楽しみです」という声が寄せられています。お客様の喜びと幸せを実感していただけるのが、私たちの最大の喜びです。

安心してご購入いただけるよう、当店の青汁は厳しい品質管理基準に基づいて製造されています。有機栽培された野菜のみを使用し、GMP認証工場での製造を実施。衛生面にも徹底的なこだわりを持ち、安全性と品質の両方を保証しています。健康は何よりも大切な財産ですので、私たちはお客様に安心してお召し上がりいただける製品を提供することをお約束します。

そして、この機会にぜひ初めて青汁を試してみてください。なんと、今

なら初回購入者には特別な割引をご用意しております。お得にお試し
いただくことができる絶好のチャンスです。また、定期購入プランもご
利用いただけますので、ご自身の健康を継続的にサポートすることが
できます。

青汁の魅力と可能性は無限大です。健康美を手に入れ、毎日の生活に活
力と満足感をもたらす"たっきー"の青汁をぜひお試しください。詳細
は弊社ウェブサイトにてご確認いただけます。私たちが心を込めてお
届けする青汁が、あなたの健康と幸福をサポートします。一緒に未来の
健康を築きましょう！

なお、商品によってはもっと長い説明文が必要な場合もあります。特に
技術的な製品や高価な商品の場合、購買意欲を引き出すために詳細な説明
が必要なことがあります。

最後に、実際の商品と異なる情報は削除するなど校正が必要となります。
また、文字数について今回は400文字程度と800文字程度の指示で生成して
もらいました。Webサイトのコンテンツに合わせて、文字数を調整してく
ださい。

3.9

オンラインセミナー開催について ChatGPTに聞いてみる

▶ 開催までの流れを ChatGPT に聞いてみる
▶ 開催へ向けての準備を ChatGPT に聞いてみる
▶ 資料も ChatGPT に考案してもらう

●オンラインセミナー開催までの流れを ChatGPT に聞いてみる

　近年急増しているオンラインセミナー（ウェビナー）をご自身で行う際、開催までの流れと、それに関わる ChatGPT の活用ポイントを説明していきます。

▼図3-9-1　オンラインセミナーの準備から開催までの流れを尋ねるプロンプト

```
♡  ### 指示###
    オンラインセミナーのやり方を準備から開催まで教えて下さい。
    ステップバイステップで教えて下さい。

    条件:女性限定

    文脈（背景）:美容と健康の専門家"タキ"です。
               美容と健康の専門家"タキ"の視点から書いて下さい。

    テーマ:美容と健康に関するセミナー
```

▼図3-9-2　生成結果

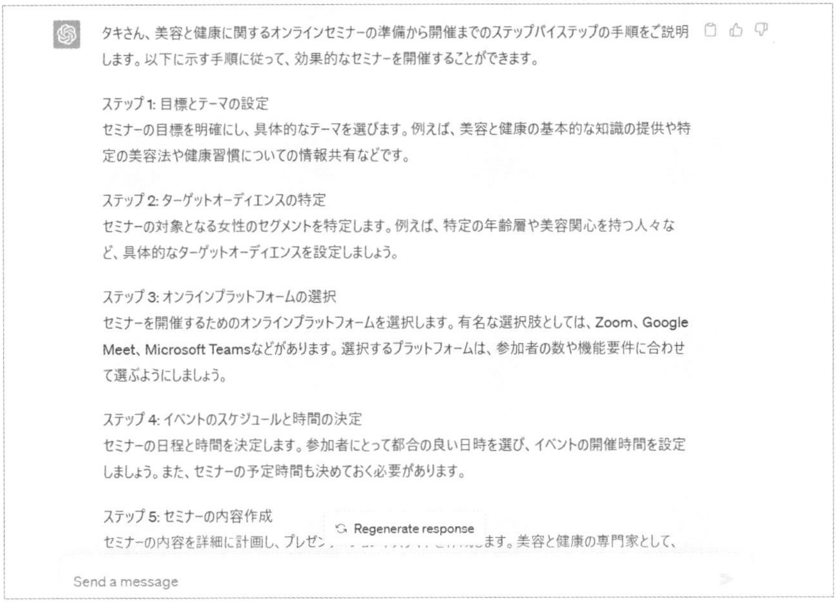

> タキさん、美容と健康に関するオンラインセミナーの準備から開催までのステップバイステップの手順をご説明します。以下に示す手順に従って、効果的なセミナーを開催することができます。
>
> ステップ 1: 目標とテーマの設定
> セミナーの目標を明確にし、具体的なテーマを選びます。例えば、美容と健康の基本的な知識の提供や特定の美容法や健康習慣についての情報共有などです。
>
> ステップ 2: ターゲットオーディエンスの特定
> セミナーの対象となる女性のセグメントを特定します。例えば、特定の年齢層や美容関心を持つ人々など、具体的なターゲットオーディエンスを設定しましょう。
>
> ステップ 3: オンラインプラットフォームの選択
> セミナーを開催するためのオンラインプラットフォームを選択します。有名な選択肢としては、Zoom、Google Meet、Microsoft Teamsなどがあります。選択するプラットフォームは、参加者の数や機能要件に合わせて選ぶようにしましょう。
>
> ステップ 4: イベントのスケジュールと時間の決定
> セミナーの日程と時間を決定します。参加者にとって都合の良い日時を選び、イベントの開催時間を設定しましょう。また、セミナーの予定時間も決めておく必要があります。
>
> ステップ 5: セミナーの内容作成
> セミナーの内容を詳細に計画し、プレゼン　⟲ Regenerate response　ます。美容と健康の専門家として、
>
> Send a message

ChatGPT の回答

タキさん、美容と健康に関するオンラインセミナーの準備から開催までのステップバイステップの手順をご説明します。以下に示す手順に従って、効果的なセミナーを開催することができます。

ステップ 1: 目標とテーマの設定
セミナーの目標を明確にし、具体的なテーマを選びます。例えば、美容と健康の基本的な知識の提供や特定の美容法や健康習慣についての情報共有などです。

ステップ 2: ターゲットオーディエンスの特定
セミナーの対象となる女性のセグメントを特定します。例えば、特定の年齢層や美容関心を持つ人々など、具体的なターゲットオーディエンスを設定しましょう。

ステップ 3: オンラインプラットフォームの選択
セミナーを開催するためのオンラインプラットフォームを選択します。
有名な選択肢としては、Zoom、Google Meet、Microsoft Teams な
どがあります。選択するプラットフォームは、参加者の数や機能要件に
合わせて選ぶようにしましょう。

ステップ 4: イベントのスケジュールと時間の決定
セミナーの日程と時間を決定します。参加者にとって都合の良い日時
を選び、イベントの開催時間を設定しましょう。また、セミナーの予定
時間も決めておく必要があります。

ステップ 5: セミナーの内容作成
セミナーの内容を詳細に計画し、プレゼンテーションやスライドを作
成します。美容と健康の専門家として、参加者に役立つ情報や実践的な
アドバイスを提供するように心がけましょう。また、視覚的な要素や参
加者とのインタラクションを取り入れることも大切です。

ステップ 6: 参加者への宣伝と招待
オンラインセミナーに参加してもらうために、参加者への宣伝と招待
を行います。SNS、メールマーケティング、ウェブサイトなどを活用し
て、セミナーの詳細と参加方法を広く周知しましょう。

ステップ 7: イベントの実施
セミナー当日には、参加者がスムーズに入室できるように準備を整え
ます。セミナーの開始前に、参加者にオンラインツールの使用方法や質
疑応答の手順を説明しましょう。セミナー中は、プレゼンテーションを
行いながら参加者の質問やコメントにも対応することを忘れずに行い
ます。

ステップ 8: フォローアップとフィードバック
セミナーの終了後には、参加者に感謝の意を示し、フォローアップの
メッセージを送ることが重要です。また、参加者からのフィードバック
を収集し、今後のセミナーの改善点やニーズを把握することも大切で
す。

以上が、美容と健康に関するオンラインセミナーを準備から開催まで
のステップです。これらの手順に従うことで、セミナーを成功させるこ
とができます。順を追って準備を進め、参加者に価値ある情報を提供す
ることを心がけてください。

この流れを指標として、参考にしながら細部を進めていきます。

次に、参加者への配布資料をChatGPTに手伝ってもらいます（※ここで
は、条件に思いを付け加えています）。

▼図3-9-3　配布資料を生成するプロンプト

###指示###
オンラインセミナーの参加者へ配布する資料を作成して下さい。
時間は60分、丁寧なトーンで、詳細に作成して下さい。

条件:
・女性限定。
・美の基準はまず健康からという考えを入れて下さい。
・健康な身体と健康な精神という考えを入れて下さい。
・食事の大切さを入れて下さい。
・ストレス管理の大切さを入れて下さい。

文脈（背景）:美容と健康の専門家"タキ"です。
　　　　　　　美容と健康の専門家"タキ"の視点から書いて下さい。
テーマ:健康こそが真の美しさ

▼図3-9-4 生成結果

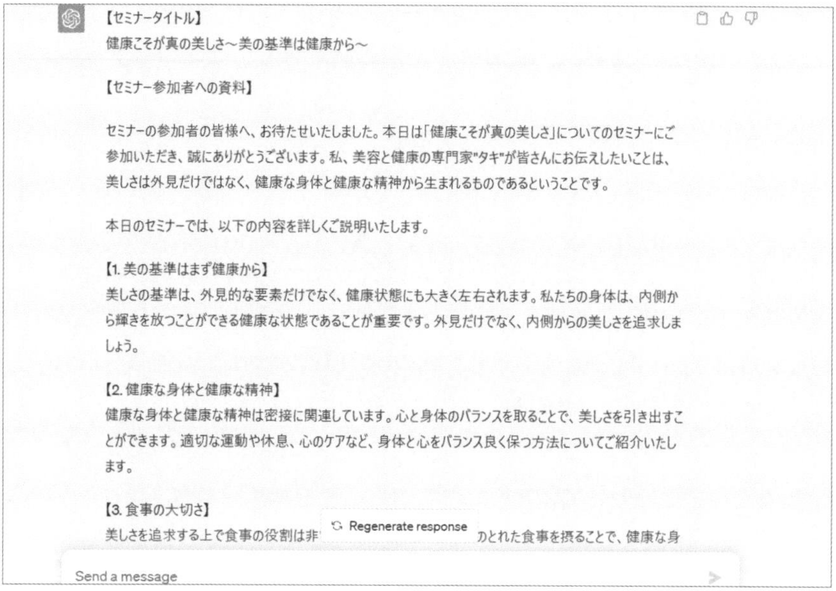

ChatGPT の回答

【セミナータイトル】
健康こそが真の美しさ〜美の基準は健康から〜

【セミナー参加者への資料】

セミナーの参加者の皆様へ、お待たせいたしました。本日は「健康こそが真の美しさ」についてのセミナーにご参加いただき、誠にありがとうございます。私、美容と健康の専門家"タキ"が皆さんにお伝えしたいことは、美しさは外見だけではなく、健康な身体と健康な精神から生まれるものであるということです。

本日のセミナーでは、以下の内容を詳しくご説明いたします。

【1. 美の基準はまず健康から】
美しさの基準は、外見的な要素だけでなく、健康状態にも大きく左右されます。私たちの身体は、内側から輝きを放つことができる健康な状態であることが重要です。外見だけでなく、内側からの美しさを追求しましょう。

【2. 健康な身体と健康な精神】
健康な身体と健康な精神は密接に関連しています。心と身体のバランスを取ることで、美しさを引き出すことができます。適切な運動や休息、心のケアなど、身体と心をバランス良く保つ方法についてご紹介いたします。

【3. 食事の大切さ】
美しさを追求する上で食事の役割は非常に重要です。栄養バランスのとれた食事を摂ることで、健康な身体を維持し、美しい肌や髪を育むことができます。食事の中で重要な栄養素や食材の選び方、バランスの取り方についてお話しします。

【4. ストレス管理の大切さ】
現代社会では、ストレスは私たちの健康と美に大きな影響を与える要素です。適切なストレス管理の方法やリラックス法を学び、心身のリフレッシュを図ることで、美しさを保ちましょう。

以上が、本日のセミナーでお伝えする主要なトピックです。皆さんに具体的なアドバイスや実践方法を提供するために、資料やスライドを使用してセミナーを進めていきます。

セミナー終了後には、参加者の皆さんからの質問や意見にもお答えす

る時間を設けていますので、どんなことでもお気軽にお尋ねください。

健康こそが真の美しさを追求する旅に、皆さんと一緒に進んでいけることを心から楽しみにしております。では、セミナーの開始です。どうぞお楽しみください！

※参考までに、60分のセミナーの構成は以下の通りです。
- イントロダクション（5分）
- 1つ目のトピック「美の基準はまず健康から」（15分）
- 2つ目のトピック「健康な身体と健康な精神」（15分）
- 3つ目のトピック「食事の大切さ」（15分）
- 4つ目のトピック「ストレス管理の大切さ」（15分）
- 質疑応答とクロージング（5分）

　上記生成結果（資料）をもとに、プレゼンテーション用のスライドを作ります。

▼図3-9-5　プレゼンテーション用のスライドを生成するプロンプト

###指示###
上記のオンラインセミナーの参加者へ配布する資料をもとに、プレゼンテーション用のスライドを作成してください。
具体的に使える文章を丁寧なトーンで、詳細に作成してください。

条件:
・図や表、画像を挿入するスライドの提案もしてください。
・スライドの全体イメージも提案してください。

▼図3-9-6　プレゼンテーション用のスライドの生成結果

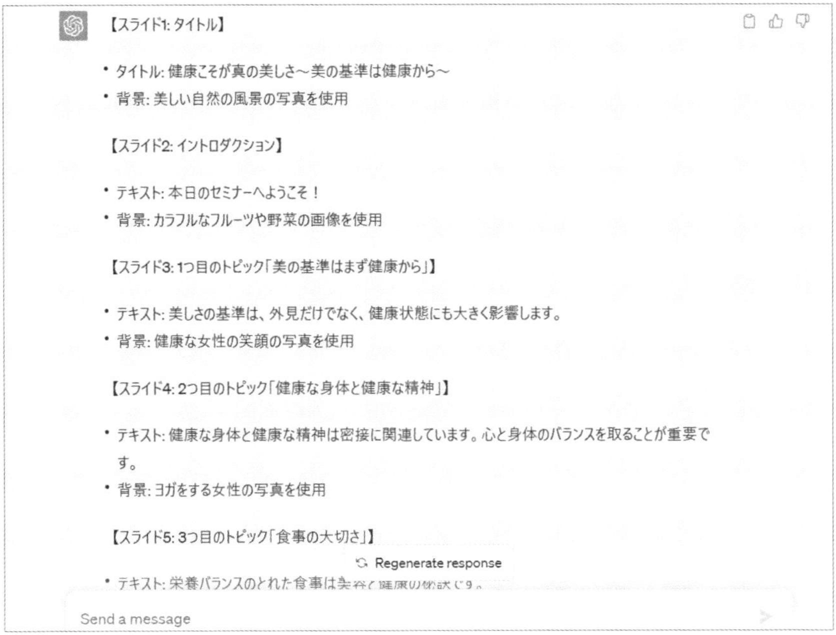

ChatGPT の回答

【スライド1】
タイトルスライド
- セミナータイトル: 健康こそが真の美しさ〜美の基準は健康から〜
- テーマ: 美容と健康の専門家"タキ"

【スライド2】
イントロダクション
- セミナーの目的と参加者への感謝のメッセージを表示
- 背景イメージ: 健康的で輝く女性の画像

【スライド3】
トピック1: 美の基準はまず健康から

- 「美の基準」と大文字で表示
- 健康な身体と健康な精神の関連性を説明する文章を挿入
- 背景イメージ: ヘルシーな食事や運動をする女性の画像

【スライド4】
トピック2: 健康な身体と健康な精神
- 「健康な身体と健康な精神」と大文字で表示
- 心身のバランスの重要性を強調する文章を挿入
- ストレッチや瞑想の画像を挿入
- 背景イメージ: 自然の中でリラックスする女性の画像

【スライド5】
トピック3: 食事の大切さ
- 「食事の大切さ」と大文字で表示
- 栄養バランスのとれた食事の重要性を説明する文章を挿入
- 健康的な食材や食事の写真を挿入
- 背景イメージ: カラフルなフルーツや野菜の画像

【スライド6】
トピック4: ストレス管理の大切さ
- 「ストレス管理の大切さ」と大文字で表示
- ストレスが健康と美容に与える影響を説明する文章を挿入
- ヨガや散歩の画像を挿入
- 背景イメージ: リラックスしたシーンの画像

【スライド7】
質疑応答とクロージング
- 参加者からの質問を募集するメッセージを表示
- セミナーの感謝のメッセージと次のアクションへの案内を挿入

- 背景イメージ: 笑顔で終了の挨拶をする女性の画像

以上が、オンラインセミナーのプレゼンテーション用スライドの提案です。各スライドでは、大文字の見出しと具体的な説明文を使って、参加者に内容をわかりやすく伝えるようにしました。また、適切な画像や背景イメージを挿入することで、視覚的な面でも参加者の興味を引くことができます。

セミナーの雰囲気を明るく、鮮やかで健康的なイメージにするために、カラフルな食材や自然の風景、リラックスしたシーンの画像を使用しました。

各スライドには、条件が明示されるようにしましたので、条件に応じて内容をカスタマイズしてください。セミナーがスムーズに進行し、参加者にとって有益な情報を提供できることを願っています。

用途別のプロンプト作成とその事例

3

　各スライドに必要な情報（項目）を生成してくれました。さらに、挿入する具体的な文章もChatGPTに考案してもらいます。ここでは、「スライド2 イントロダクション」と「スライド3 トピック1 美の基準はまず健康から」を作成してみました。

▼図3-9-7　スライドの文章を生成するプロンプト

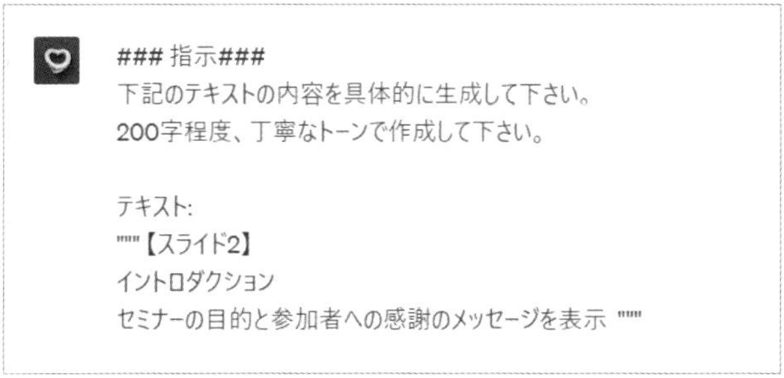

```
### 指示###
下記のテキストの内容を具体的に生成して下さい。
200字程度、丁寧なトーンで作成して下さい。

テキスト:
"""【スライド2】
イントロダクション
セミナーの目的と参加者への感謝のメッセージを表示 """
```

▼図3-9-8　スライドの文章生成結果

【スライド2】
イントロダクション

皆様、ご参加いただきありがとうございます。このセミナーでは、健康こそが真の美しさを築くための重要な要素であることをお伝えします。私たちの目標は、美容と健康の専門家"タキ"として、皆様が内面から輝き、健康な生活を送るための知識とツールを提供することです。

美の基準はまず健康から始まります。健康な身体と健康な精神がバランスよく備わっていることで、真の美しさが引き出されます。今回のセミナーでは、食事の重要性やストレス管理の大切さなど、具体的なテーマについてお話しします。

また、この場を借りて、参加者の皆様に心から感謝申し上げます。皆様の関心と熱意に支えられ、私たちはより良い情報を提供することができます。皆様の美容と健康の旅において、お手伝いできることを光栄に思っています。

それでは、早速セミナーを始めましょう。お楽しみください。

▼図3-9-9　スライドの文章を生成するプロンプト

指示###
下記のテキストの内容を具体的に生成して下さい。
200字程度、丁寧なトーンで作成して下さい。

テキスト:
"""【スライド3】
トピック1: 美の基準はまず健康から
「美の基準」と大文字で表示
健康な身体と健康な精神の関連性を説明する文章を挿入　　　"""

▼図3-9-10 スライドの文章生成結果

残りのスライド7まで同様に生成していきます。最終的には、ご自身の話したい内容に沿って微調整してください。

　後は、画像や表を選び、スプレッドシートやパワーポイント等のプレゼンテーション作成ツールを使い仕上げていきます。このように、全体の流れや細部について、ChatGPTを利活用することで、準備を行う段階から開催日までスムーズに進めていくことができます（※作成した資料はPDFでの利活用もおすすめです）。

SNS(Twitter)の紹介文を ChatGPTに作成してもらう

━━━━━━━━━━━━● この節のポイント ●━━━━━━━━━━━━

▶ SNSのプロフィールページをChatGPTに作成してもらう
▶ 文字数をChatGPTでコントロールする

●SNSのプロフィール作成について

　SNSは投稿ページが入口となる場合が多いですが、その後ファンになってもらう（フォローしてもらう）ためには、投稿者の人となりが分かるプロフィール作りが有益です。

　今回はSNSの中でもTwitterを例に、プロフィール（紹介文）をChatGPTに作成してもらいます。ちなみに、Twitterの自己紹介文は文字数に160文字という制限があるため、必要な要素を取り入れて作成するには頭を悩ませますが、これもChatGPTで解決できます。

▼図3-10-1　紹介文のプロンプトと生成結果

‹ 2/2 ›　###指示###
Twitterプロフィール内の紹介文を作成してください。
文字数は160文字以内、丁寧なトーンで書いてください。

条件：シンボル的なマークや絵文字を使用してください。

文脈（背景）：インド占星術占い師"タキ"です。
インド占星術占い師"タキ"の視点から書いてください。

🌍インド占星術占い師🌙✨タキです。宇宙の星々が導く、運命のヒントをお届けします。過去・現在・未来の謎に迫り、人生の航海に星明かりを灯します。あなたの運命を輝かせる鍵はここにあります。質問や相談もお気軽にどうぞ。愛と光を込めて、タキが導きます。✨💫 #占星術 #運命 #魂の旅

このように生成してくれましたが、念のため、160文字以内になっている
かを確認します。

今回は「bulletin board」という文字数カウントツールを使いました。

URL http://www1.odn.ne.jp/megukuma/count.htm

▼図3-10-2　文字数カウント

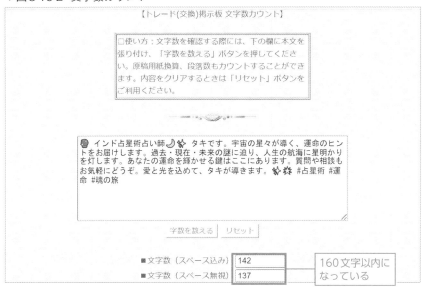

文字数は160文字以内であることを確認できました。加えて、絵文字や＃
タグも付けることができました。個人的にはこのままでも使用可能なレベ
ルと思いますが、各自の特徴に合わせて条件を入れ替えて微調整してくだ
さい。

求人掲載ページをChatGPTに作成してもらう

● ─────── この節のポイント ● ───────

▶ 求人掲載ページをChatGPTに作成してもらう
▶ 求人掲載ページに書く内容そのものから聞いてみる

●思いついたコンテキストのみで作成する

まずは思いついたコンテキスト（項目）だけで作成してみましょう。少ない情報ですが、スモールスタートでプロンプトを開始します。

図3-11-1をご覧ください。

▼図3-11-1　求人掲載ページ作成のプロンプト

```
###指示###
HP内部で求人掲載ページを作成してください。

文脈（背景）：福岡市の機械加工業の"㈱たっきー鉄工"です。
"㈱たっきー鉄工"の視点から作成してください。
"㈱たっきー鉄工"は金型加工を行う会社です。

求めている人材：新しい技術も興味を持って取り組んでくれる人

求人職種：CAD＆CAMオペレーター
```

すると、図3-11-2のように、生成してくれました。

▼図3-11-2 生成結果

【㈱たっきー鉄工】求人掲載ページ

お知らせ：
㈱たっきー鉄工は、福岡市を拠点に活動する機械加工業です。当社は金型加工に特化しており、高品質な製品を提供するために努力しています。私たちの成長に伴い、新しい人材を募集することになりました。当社のビジョンに共感し、新しい技術にも興味を持って取り組んでくださる方をお待ちしています。

求人職種：CAD＆CAMオペレーター

仕事内容：
CAD＆CAMオペレーターとして、金型加工に関するデザインとプログラミング業務を担当していただきます。
具体的な業務内容は以下の通りです。

↻ Regenerate response

【㈱たっきー鉄工】求人掲載ページ

お知らせ：
㈱たっきー鉄工は、福岡市を拠点に活動する機械加工業です。当社は金型加工に特化しており、高品質な製品を提供するために努力しています。私たちの成長に伴い、新しい人材を募集することになりました。当社のビジョンに共感し、新しい技術にも興味を持って取り組んでくださる方をお待ちしています。

求人職種：CAD＆CAMオペレーター

仕事内容：
CAD＆CAMオペレーターとして、金型加工に関するデザインとプログラミング業務を担当していただきます。具体的な業務内容は以下の通りです。

金型の設計図面作成および修正
CAD/CAMソフトウェアを使用した加工プログラムの作成

3

用途別のプロンプト作成とその事例

機械加工の過程でのトラブルシューティング
製品品質の確保と改善のための協力

応募要件：
CADおよびCAMの実務経験がある方（金型加工の経験者は尚歓迎）
2Dおよび3Dの設計ソフトウェア（例：AutoCAD、SolidWorks）の
使用経験
CNCマシンや加工装置に関する基本的な知識
プログラミングのスキル（例：Gコード）
新しい技術に対する興味と学習意欲

採用条件：
長期雇用を希望する方
チームでの協力やコミュニケーションができる方
経験に応じた適正な給与と福利厚生

応募方法：
興味を持っていただけましたら、以下の連絡先に履歴書をお送りくだ
さい。書類選考後、面接のご連絡をさせていただきます。

連絡先：
㈱たっきー鉄工 採用担当
〒〇〇〇-〇〇〇〇 福岡市〇〇区〇〇町
電話番号：012-3456-7890
メールアドレス：recruitment@takkiesteel.co.jp

ご応募お待ちしております。㈱たっきー鉄工で一緒に働きましょう！

このように少ない情報でも、ひな形は作成することができました。この

ひな形をもとにしてカスタマイズするのもおすすめです。

●そもそも「何を書けばいいのか？」からスタートする

3.9でも説明しましたが、何を書いてよいか全く見当が付かない場合は、次の図3-11-3のように、「HP内部で求人掲載ページを作成するために必要なコンテンツを教えてください。」のように指示を行うと、全体像が分かる構成を作ることができます。

▼図3-11-3　求人掲載ページ作成に必要なコンテンツを尋ねるプロンプト

###指示###
HP内部で求人掲載ページ作成するために必要なコンテンツを教えてください。

HP内で求人掲載ページを作成するためには、以下のコンテンツが必要です。

1. 求人情報: 各ポジションの詳細な求人情報を提供する必要があります。これには、職務内容、必要なスキルや資格、応募条件、勤務地、雇用形態、給与などが含まれます。
2. 会社概要: 求人掲載ページでは、会社の基本情報やビジョン、ミッション、業界内での位置づけなど、会社の概要を説明する必要があります。これにより、求職者は会社の文化や価値観について理解することができます。
3. 待遇や福利厚生: 求人掲載ページでは、給与や福利厚生制度についての情報を提供することも重要で

ChatGPTの回答

HP内で求人掲載ページを作成するためには、以下のコンテンツが必要です。

求人情報: 各ポジションの詳細な求人情報を提供する必要があります。これには、職務内容、必要なスキルや資格、応募条件、勤務地、雇用形態、給与などが含まれます。

会社概要: 求人掲載ページでは、会社の基本情報やビジョン、ミッショ

ン、業界内での位置づけなど、会社の概要を説明する必要があります。これにより、求職者は会社の文化や価値観について理解することができます。

待遇や福利厚生: 求人掲載ページでは、給与や福利厚生制度についての情報を提供することも重要です。例えば、社会保険や退職金制度、健康保険、休暇制度、教育研修プログラムなど、求職者が将来的な働き方やキャリアパスを考える上で重要な要素となる情報を含める必要があります。

応募方法: 求人応募の手順や必要な書類、応募期限などを明確に示す必要があります。これにより、求職者は正確かつスムーズに応募することができます。

コンタクト情報: 求人に関する問い合わせや連絡先を提供することも重要です。電話番号やメールアドレスなどの連絡先情報を明記し、求職者が必要な情報を簡単に取得できるようにします。

これらのコンテンツを包括的かつ魅力的に提供することで、求職者にとって魅力的な求人掲載ページを作成することができます。

このように、掲載すべきコンテンツを教えてくれました。

●ひな形から考案してもらう場合

それでもなお、イメージがわかない場合は、図3-11-4のように、事例を作成してもらうとよいでしょう。

▼図3-11-4　ChatGPTに事例を作成してもらう

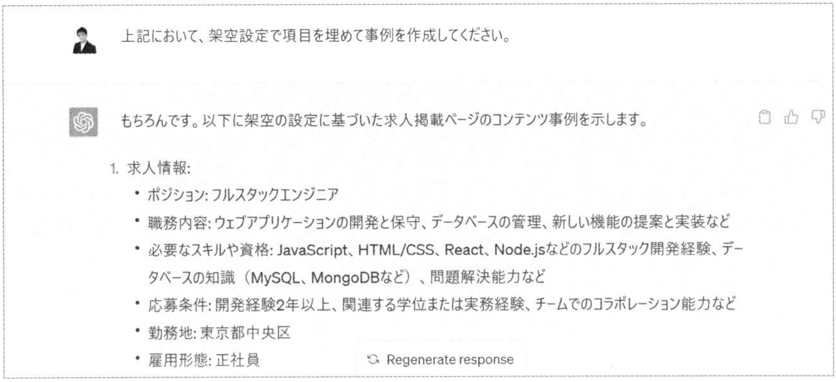

ChatGPTの回答

もちろんです。以下に架空の設定に基づいた求人掲載ページのコンテンツ事例を示します。

求人情報:

ポジション: フルスタックエンジニア
職務内容: ウェブアプリケーションの開発と保守、データベースの管理、新しい機能の提案と実装など
必要なスキルや資格: JavaScript、HTML/CSS、React、Node.jsなどのフルスタック開発経験、データベースの知識（MySQL、MongoDBなど）、問題解決能力など
応募条件: 開発経験2年以上、関連する学位または実務経験、チームでのコラボレーション能力など
勤務地: 東京都中央区
雇用形態: 正社員
給与: 能力と経験に応じた競争力のある給与体系
会社概要:

会社名: テックソリューション株式会社
ビジョン: テクノロジーを通じて人々の生活を豊かにする
ミッション: 革新的なソフトウェアソリューションの提供と顧客満足度の向上
業界内での位置づけ: ITソリューション企業として国内外で高い評価を受け、成長を続けている
待遇や福利厚生:

給与: 能力と経験に応じた競争力のある給与体系
福利厚生: 社会保険完備、退職金制度、健康保険、年次有給休暇、従業員向け教育プログラム、柔軟な勤務時間制度、リモートワークオプションなど
応募方法:

応募方法: 履歴書と職務経歴書を添付し、以下のメールアドレスまで送付してください。
応募期限: 2023年8月31日まで
コンタクト情報:

問い合わせ先: 採用担当者
電話番号: 012-345-6789
メールアドレス: careers@techsolutions.co.jp
以上が架空の求人掲載ページのコンテンツ事例です。具体的な内容は、企業のニーズや要件に基づいてカスタマイズされるべきです。

　この生成結果をたたき台として修正していくと、効率よく仕上げることができます。

第 **4** 章

ChatGPTによる
Webライティング
の応用

応用編： 便利な拡張機能の
利活用やより複雑な
利用方法

4.1

音声入力と音声出力をしてくれる拡張機能「Voice Control for ChatGPT」

● この節のポイント ●

▶ ChatGPTと簡単対話でライティング
▶ Voice Control for ChatGPT を利活用

●Chromeの拡張機能とは

　前章までは、文章生成やプロンプトの作り方などについて解説してきましたが、この第4章では、ChatGPTを使うときに、知っていると便利な拡張機能をご紹介していきます。作業の効率化を図ることができます。

　Chrome拡張機能は、Chromeウェブブラウザに追加できるツールや機能です。インターネットを使うときに便利な機能を追加し、自分の好みに合わせてウェブブラウザをカスタマイズすることができます。広告ブロック、タブ管理、翻訳、スクリーンショットなど、さまざまな種類の拡張機能があります。その数は、現在150,000種類以上あります（2023年6月現在）。

　その中でもChatGPT関連の拡張機能は100種類以上あり、既存の性能を補ってより便利にしてくれます。

　なお、Chromeの拡張機能に関する情報は、執筆時点（2023年6月）のものです。実際にご利用いただく際には、今回の情報と異なる場合があります。

●音声入力によってChatGPTと会話する

ユーザーはテキスト入力を使用せずに、音声でChatGPTと対話することができます。これにより、キーボードを使わずに（手が塞がっていても）、ChatGPTと自然に対話をすることができます。例えば、自分のWebサイトやブログに投稿する記事を作成する場合です。料理ブログ「新鮮な野菜を使ったヘルシーサラダのレシピ」などの記事を書く際に、実際に作りながら、同時にブログ記事も作成することができます。また、企業ブランドや個人が自身のアカウントからSNSに投稿を作成する場合も有効です。新製品の紹介、ブログ記事のシェア、特定のトピックに対する意見の表明など、さまざまな目的で使用されます。話し言葉で文章が作成されることで、キーボード入力よりも臨場感が伝わりやすいメリットもあります。

音声入力で対話する方法は、iPhoneのSiriやAmazonのAlexaを使ったことがある方ならイメージしやすいと思います。

●音声入力のメリットとデメリット

音声入力が使えることで、下記のようなメリットとデメリットが考えられます。

メリット①速度と効率性

キーボードを使って文字を入力することと同様、速く入力することができます。

メリット②ハンズフリー

両手を使わずにタスクを実行することができます。

例えば、料理をしながら、レシピや手順を紹介するブログの文章を、手が塞がっている状況でも書くことができます。

また、キーボードを常に使用することが難しい人などが、音声入力を利

4
ChatGPTによるWebライティングの応用

用することで、ブログやSNSの文章を作成することも可能です。

メリット③長文入力

長いテキストを入力するのが面倒な場合にも便利です。

例えば、要約したい長文やブログ記事を作成するための参考文献をキーボード入力する場合、一定の時間と集中力を必要とし、それはタイピングの速度や正確性にも影響します。一方、長文を読み上げるだけでテキスト化される音声入力は、長時間の高い集中力とタイピング速度を気にせずに長文をテキスト化できます。

デメリット①音声認識の正確性

音声入力システムは、アクセントや発音の違いによって認識を誤ることがあります。特に専門的な業界や特定の専門用語を使用する場合には、認識の精度が低下する可能性があります。

デメリット② 騒音環境への制約

騒音のある環境では、不要な音をマイクが拾うことで、正確性が低下することがあります。

●Voice Control for ChatGPTの追加方法

Googleの検索エンジンで、「Chrome拡張機能」を検索します。

▼図4-1-1　Chrome拡張機能検索

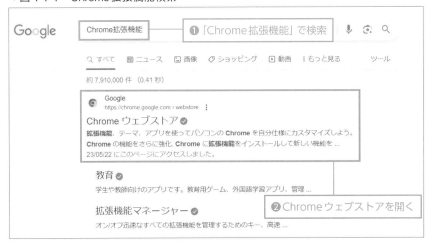

　まずはChromeウェブストアを開き、使いたい機能を検索します。その後、「Voice Control for ChatGPT」を検索します。

▼図4-1-2　Voice Control for ChatGPT を検索

Voice Control for ChatGPT を開き、追加します。

▼図4-1-3　Voice Control for ChatGPT を追加

Chromeに追加できたら、図4-1-4の右上のアメーバーのようなアイコンをクリックします。追加した拡張機能一覧が格納されており、クリックすると追加した機能が表示されます。

▼図4-1-4　Voice Control for ChatGPT を追加したChatGPTの画面

▼図4-1-5　機能一覧を展開したChatGPTの画面

これで追加されていることが確認できました。次からは、具体的に使い方をご紹介していきます。

● Voice Control for ChatGPTの使い方

Voice Control for ChatGPTの追加が完了すると、ChatGPTの画面に「マイク」のアイコンが表示されます。

▼図4-1-6　Voice Control for ChatGPTをChromeに追加した画面

このマイクのアイコンをクリックし、色が赤く変化したら話しかけます。その後、ChatGPTへのプロンプトがテキスト化されます。話し終えた後、もう一度マイクアイコンをクリックすると、ChatGPTが回答を返します。

例えば、「ChatGPTの始め方」のブログを書くという想定で、「ChatGPTの始め方というブログを書きたいと思います　内容のアイデアを5つ教えてください」と話しかけてみました。

▼図4-1-7　プロンプトを音声認識し、プロンプトをテキスト化

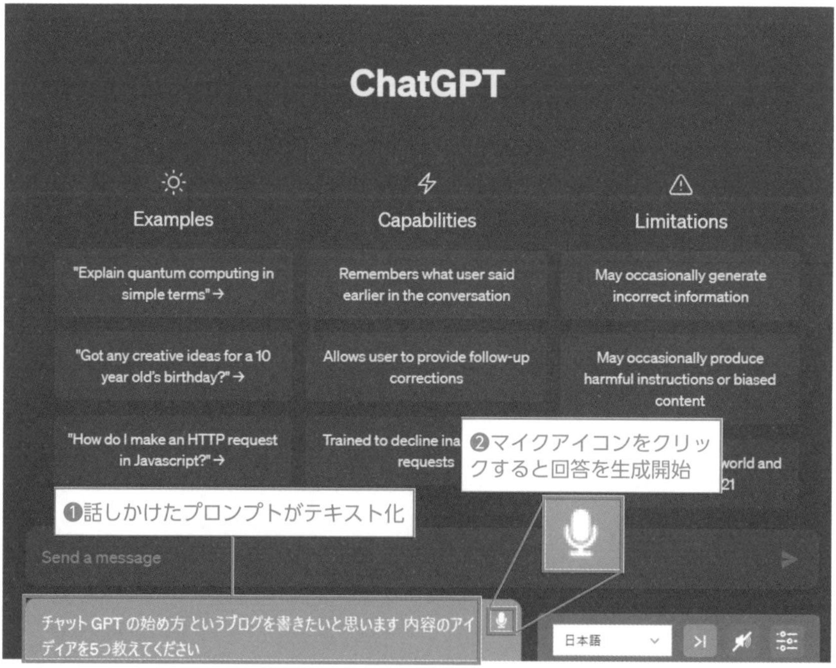

話しかけたプロンプトがテキスト化されます。必要なプロンプトが作成された後、マイクアイコンをクリックするとChatGPTの回答が始まります。

▼図4-1-8　ChatGPTが回答を生成

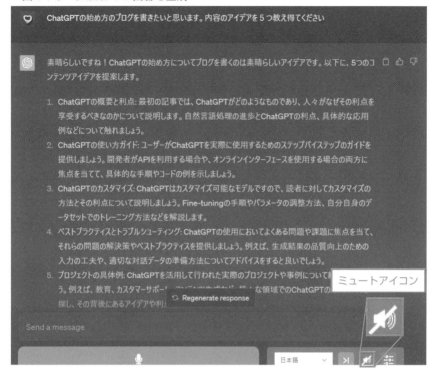

回答はテキスト生成と同時に音声でも伝えてくれます。音声の回答が不要の場合は、マイクをミュートにしてください。

現時点では音声の種類は選べませんが、さらに技術が進み、好みの声で答えてくれる日が来るのではないかと、個人的には楽しみです。

このように、使い方はとても簡単です。音声入力ができると、手が離せないときだけではなく、アイデアを出す時に人間と話すように、ブレーンストーミングもできます。

　例えば、「ChatGPTの始め方」ブログのアイデアをもう少し増やしてグループ分けしたい場合、「他にもアイデアはありますか 3つ 新たに教えてください」と話しかけると、図のように新しいアイデアを3つ生成してくれました。

▼図4-1-9　ChatGPTが新しいアイデアを生成

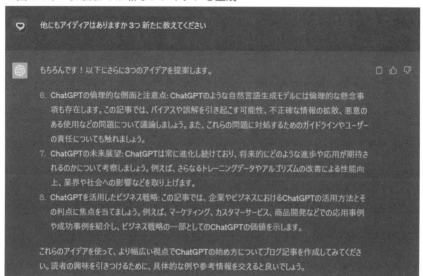

　さらに、「この記事の1から8までを分かりやすく グループ分けをしてください」と話しかけてみます。すると図のように、グループ分けして、わかりやすくまとめてくれました。

▼図4-1-10　ChatGPTがグループ分けした生成結果

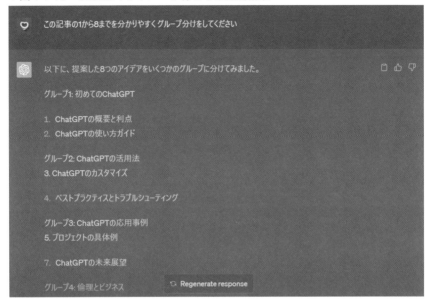

これらの作業を繰り返すことで、今まで複数人と行っていたアイデア出しが、一人で、しかも何回も、納得いくまで行うことが可能です。また紙に書くことや、キーボードで入力するよりも、より直感的なアイデアが出せるでしょう。

ブログやSNS、商品の宣伝記事など、Webライティングの際に使うと便利な拡張機能、「Voice Control for ChatGPT」をご紹介しました。

人間と会話するように、気軽に使ってみてください。

4
C
h
a
t
G
P
T
に
よ
る
W
e
b
ラ
イ
テ
ィ
ン
グ
の
応
用

4.2

履歴のバックアップに使える
拡張機能「Save ChatGPT」

●━━━━━━━ この節のポイント ●━━━━━━━●

▷ ChatGPT公式のバックアップ機能！データの保存手順とは？
▷ 履歴のバックアップに拡張機能Save ChatGPTが便利

●履歴のバックアップの必要性

　ChatGPTは履歴を自動保存してくれます。削除するまでは後日確認することも可能です。ただし、履歴の数が多過ぎて必要な履歴を見つけるのが大変な場合もあります。そんな時は、Chromeの拡張機能を使ってバックアップをしておくと便利です。バックアップ用の拡張機能は数種類ありますが、比較的簡単に使える「Save ChatGPT」という拡張機能をご紹介します。

●Save ChatGPTの使い方

　Chromeの拡張機能を開き、Save ChatGPTを追加・登録します。（4.1でChrome拡張機能の追加・登録の方法の詳細を説明していますので、参考にしてください）。

　追加が完了すると、ChatGPTの画面上のツールバーに拡張機能が追加されます。

▼図4-2-1　拡張機能一覧

これで拡張機能の準備はできました。

　次に、保存したい文章や過去の履歴を開き、拡張機能アイコンをクリックして拡張機能一覧を開きます。

　一覧の中から、「Save ChatGPT」のアイコンをクリックし、3つの保存形式のうち「TXT」、「MD（Markdown）」、「PDF」の適切な方法を選択して、クリックしてください。

▼図4-2-2　Save ChatGPTの３つの保存形式

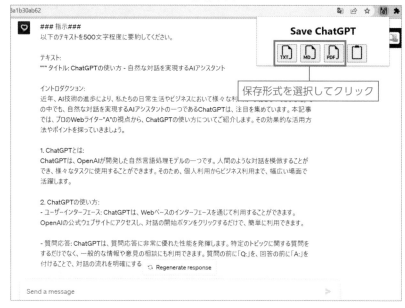

「TXT」はテキストファイル形式（.txt）で出力できます。

「MD（Markdown）」は文書を簡単に書式設定するため、見出しや項目を
わかりやすく表示する方法です。

▼図4-2-3　TXT（テキストファイル形式）での保存例

▼図4-2-4　MD（Markdown）での保存例

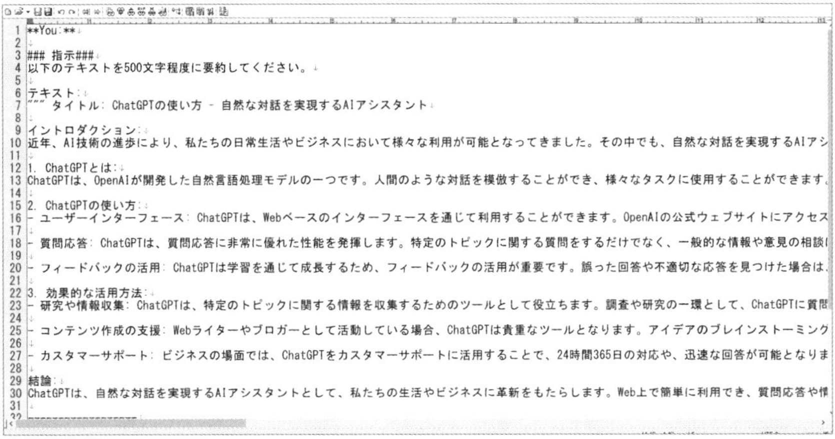

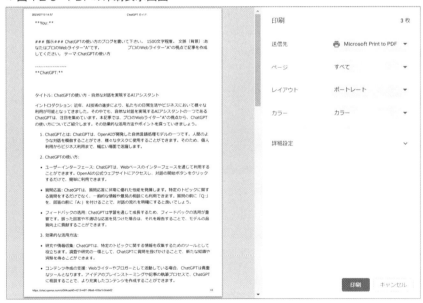

▼図4-2-5　PDFの印刷表示画面

名前を付けて保存すれば、管理も簡単ですし、他の人とも共有できます。

例えば、プロンプトが同じであっても、AIは毎回違う回答を生成するので、比較するうえでも便利です。ぜひ活用してみてください。

4

C
h
a
t
G
P
T
に
よ
る
W
e
b
ラ
イ
テ
ィ
ン
グ
の
応
用

●ChatGPTの履歴保存機能

Chromeの拡張機能ではないのですが、2023年4月にOpenAIより公式に履歴を保存する機能が追加されました。ChatGPT公式のエクスポート機能を使って、履歴を保存することができます。

データをエクスポートする手順は以下の通りです。

▼図4-2-6 アカウント右にある3点リーダーからメニューにあるSettingsをクリック

▼図4-2-7 Data controlsをクリックし、その後Export dataの右側にあるExportをクリック

▼図4-2-8　Confirm export をクリック

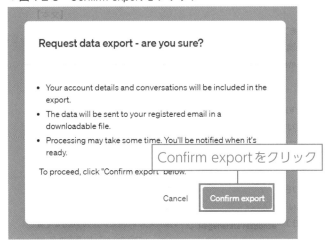

すると、登録しているメールアドレスにダウンロードボタンが付いているメールが届きます。

▼図4-2-9　受信メールでダウンロードボタンをクリック

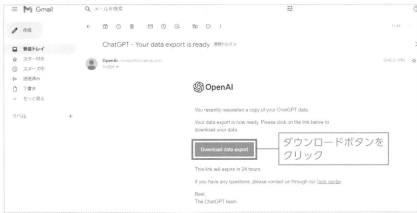

「Download data export」ボタンを押すと圧縮ファイルがダウンロードされ、保存された内容を見ることができます。

4.3

YouTube動画の内容を要約する「Glasp」

● ━━━━━━━━━ ● この節のポイント ● ━━━━━━━━━ ●

> ▶ YouTubeの動画の新たな使い方とは？
> ▶ 情報の核をテキストで残し、情報共有、簡単見直し

●YouTube動画の新たな使い方

　昨今、YouTubeの動画は単に見て楽しむものだけでなく、必要な情報を得られるコンテンツとしても重宝されています。せっかく得た情報なので、コンパクトに整理して、記録に残しておきましょう。「Glasp：Social Web Highlight & YouTube Summary」という拡張機能を紹介します（※以降、Glasp）。

　Glaspで簡単にテキスト化して、要点を整理しておくと、YouTubeの内容も簡単に見直せます。また、情報の核となる内容をテキストで残しているため、情報共有も簡単です。

●Glaspの使い方

　Chromeの拡張機能を開き、Glaspを追加・登録します（4.1でChrome拡張機能の追加・登録の方法の詳細を説明していますので、参考にしてください）。

　文字越こしをしたいYouTubeの動画を開くと、拡張機能が側面に開いています。

　動画を再生しはじめてから、図4-3-1の右側にある「Transcript & Summary」の横にある「ChatGPTのマーク」をクリックすると、ChatGPTの画面へ遷移し

ます。そして、動画の音声をプロンプト入力欄にテキスト化してくれます。

▼図4-3-1　YouTubeの動画と側面にある拡張機能

▼図4-3-2　ChatGPT画面にジャンプし、プロンプト入力欄にテキスト化

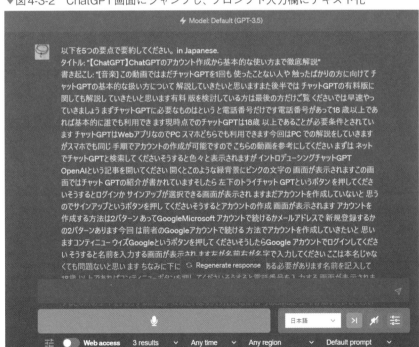

続けて、要約した内容を生成してくれます。

▼図4-3-3　要約した内容を回答

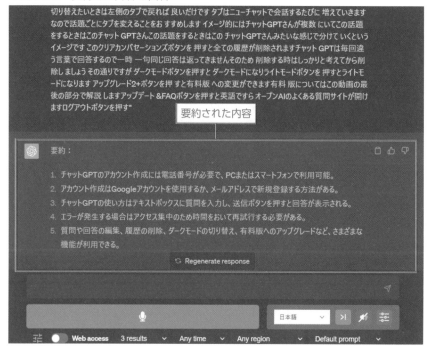

要約を作成するまでの時間は、お使いのChatGPTのバージョンやネット環境、YouTube動画の長さで変わります。

YouTube動画の音声情報をコンパクトに要約してくれるので、情報を把握するうえで便利な機能です。自身のYouTubeにおいても、サマリーを簡単に作成して、運営しているHPやブログ、SNSに転用することができます。ぜひ、活用してください。

「GPT Macros」を使って
自動でブログ記事を作成する

●───── この節のポイント ●─────

▷ 文章の全自動生成ができる方法を紹介
▷ GPT Macros を使ってブログ記事を自動作成

●文章が途切れた場合もGPT Macrosなら…

ChatGPTで文章を作成する場合、途中で文章が途切れてしまうことがあります。

この場合「▷▷Continue generating」ボタンをクリックすると、途切れたところから続きを書き足してくれます。ただし、最後まで文章を作成するには、常にパソコンの画面に注意して、確認する必要があります。

この節では、一つの解決策として、ChatGPTの拡張機能を使って、ブログ記事を自動的に書くことができる便利なツール「GPT Macros」をご紹介します。

生成の順番を組み入れた複数の指示を作成することで、目的とする文章を最後まで生成することができる便利なツールです。

手順通りに設定やプロンプトを入力すると、初心者でもうまくできるようになりますのでぜひチャレンジしてください。

●GPT Macrosを使う準備─サインアップの方法

Chromeの拡張機能を開き、GPT Macros 追加・登録します（4.1でChrome拡張機能の追加・登録の方法の詳細を説明していますので、参考にしてください）。

▼図4-4-1　GPT Macrosを追加後のChatGPT画面

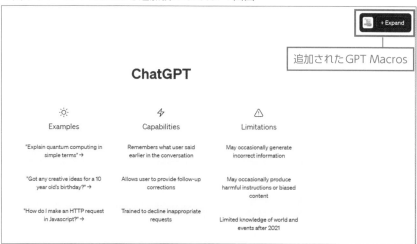

右上の「+Expand」部分をクリックすると、図4-4-2のように展開します。

展開した中の、「Continue with Google」でサインアップを行います（Googleアカウントで行ってください）。

▼図4-4-2　GPT Macrosの設定①

規約に同意するとGPT Macrosが使えるようになります。

▼図4-4-3　GPT Macrosの設定②

▼図4-4-4　GPT Macrosの設定が終わった画面

●GPT Macrosを使うための準備─「New Macro」内の「New flow」について

図4-4-5内にある「New Macro」をクリックすると、図4-4-6内にある「New flow」が追加されますので、「New flow」をクリックし展開します。

なお、「New flow」とは複数の構成で成り立つプロンプト群のことです。この「New flow」内に、後ほど複数のプロンプトを入れていきます。

▼図4-4-5　①GPT Macrosの設定が終わった画面の「New Macro」をクリック

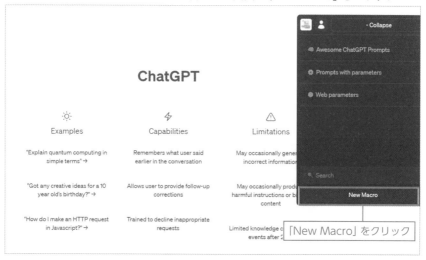

▼図4-4-6　②「New flow」追加画面

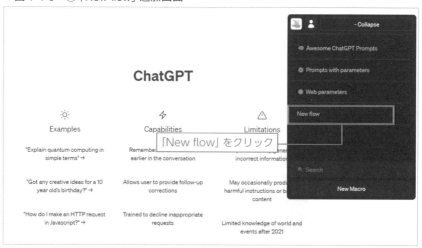

次に、展開された「New flow」内の「+Prompt」をクリックします。

▼図4-4-7　③New flow を展開した画面

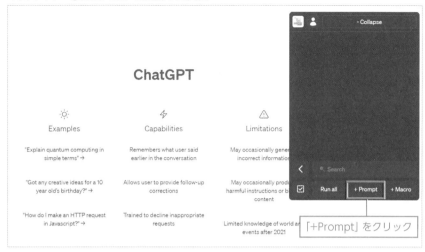

「+Prompt」をクリックすると、「New prompt」が追加されます。

▼図4-4-8　④New flow に New prompt を追加した画面

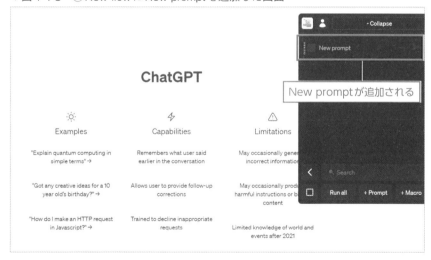

「New prompt」をクリックし展開します。開いた画面の中央にある「Prompt：」の右にある「+」をクリックします。

▼図4-4-9　⑤New promptを展開した画面

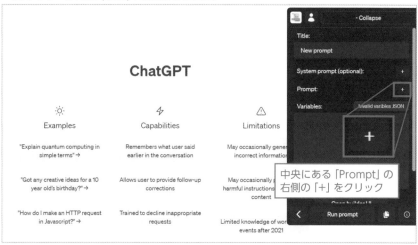

すると、文章生成のためのプロンプト入力画面（図4-4-10）が開きます。

これで、プロンプトを入力する準備ができました。

● GPT Macros を使ったプロンプト入力

ここからは実際に、GPT Macrosを使ってプロンプトを入力していきます。

▼図4-4-10　実際のpromptを入力する画面

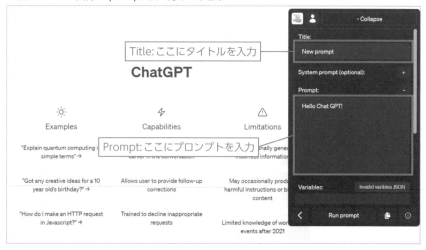

　「Title：」はこれから入力するプロンプトを表す名前（見出し）です。画面上では、「New prompt」になっています。

　「Prompt：」部分に指示文であるプロンプトを入力します。画面上では、「Hello ChatGPT！」になっています。

　この「Title:」と「Prompt:」を書き換えていきます。

　まず、Title:の「New prompt」を、任意のタイトルへ変更します。どんな内容なのかイメージしやすいTitleがよいでしょう。

例：「指示」

　次に、Prompt:の「Hello ChatGPT!」を削除して、「指示」のプロンプトを入力します。以下の例を参考にしてください。

指示
コラムタイトルとコラム文を作成してください。
コラム文は1500文字程度、丁寧なトーンで作成してください。

文脈（背景）：あなたはプロのWebライターです。
　　　　　　　プロのWebライター視点で記事を作成してください。

テーマ:ChatGPTの使い方

---

4 ChatGPTによるWebライティングの応用

▼図4-4-11 ①Title: とPrompt: について書き換えた例

さらにNew promptを追加していきます。

「＜」をクリックして一つ前の画面「New flow」を展開した画面に戻り、さらに「+Prompt」から「New prompt」を追加します。

▼図4-4-12 ②さらにNew promptを追加した画面

Title:の「New prompt」を次のようなタイトルへ変更します。

例：「本文」

Prompt:の「Hello ChatGPT!」を削除して、「本文」のプロンプトを入力します。以下の例を参考にしてください。

指示

本文の続きを作成してください。

▼図4-4-13　③TitleのNew promptを「本文」へ変更・Prompt:へ本文のプロンプトを入力

「＜」をクリックして、一つ前の画面である新たなプロンプト作成画面に戻ります。

▼図4-4-14　④ 一つ前の「New flow」作成に戻った画面

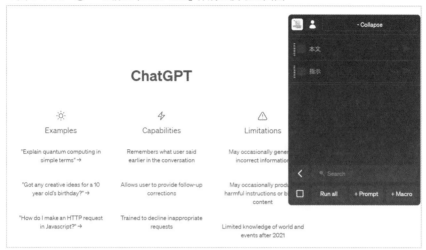

ここで、名称を変更したNew promptの順番変更をします。

プロンプトを作成していくと、新しく作ったものが一番上に表示され、最初に作ったプロンプトがどんどん下に表示される状態になります。

記事の生成は上から順番に自動で行われるため、最初に作った「指示」という名前（見出し）のプロンプトが一番上に表示されるように移動する必要があります。

そのため、タイトルにポインターを合わせ、「指示→本文」の順番にドラッグで移動し、順番を入れ替えます。

▼図4-4-15　⑤名称を変更したNew promptの順番変更

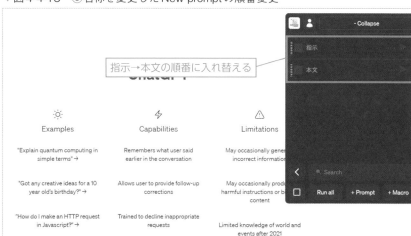

「指示→本文」に順番を入れ替えたら、「レ点」にチェックを付けて実行したいプロンプトを指定します。

▼図4-4-16　⑥「レ点」にチェックを付けて実行したいプロンプトを指定

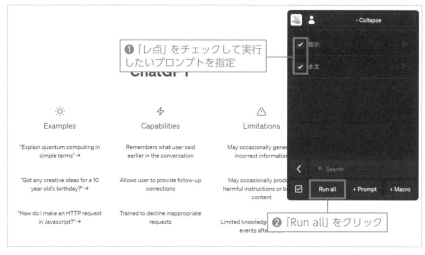

「Run all」をクリックして実行すると、上から順に生成を開始します。

「指示」の生成が終わると、自動で「本文」の生成が始まります。指定したすべてのプロンプトの生成が終わると、文章が完成します。

▼図4-4-17 ⑦Run all をクリックして実行した結果：「指示」

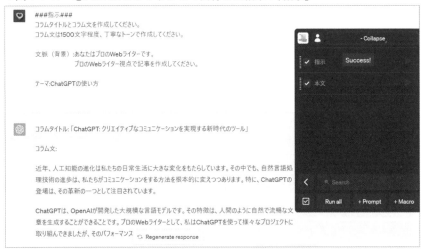

▼図4-4-18 ⑧Run all をクリックして順番に実行した結果：「本文」

今回は例として、「本文」にあたるプロンプトを1つ作成していますが、複数作成することで、長い文章も生成することができます。

また、図4-4-11 で示したプロンプト例の「### 指示 ###、文脈（背景）、テーマ」を下記の例のように変更することで、別の文章を簡単に作成することができます。

指示
コラムタイトルとコラム文を作成してください。
1500文字程度で、丁寧なトーンで作成してください。

文脈（背景）:
あなたは整形外科の専門医です。
整形外科の専門医の視点で記事を作成してください。

テーマ：骨粗しょう症の予防について

▼図4-4-19　整形外科のコラムタイトルとコラム文：「指示」

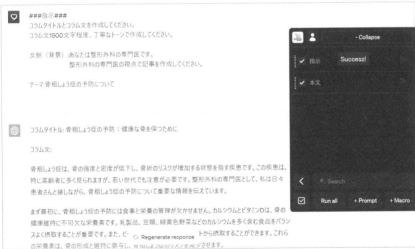

▼図4-4-20 整形外科のコラムタイトルとコラム文：「本文」

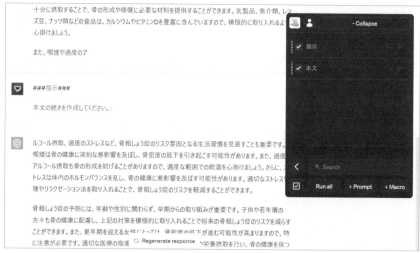

●GPT Macrosの本来の使い方

GPT Macrosの最大の利点は、変数を使ってテンプレートを作成できることです。例えば、Webサイトのページタイトルやメタ、商品の説明、ブログ記事に関することなど、さまざまな種類の文章に対応できます。

ただ、変数を使いこなすには、高度な知識が必要となります。今回は難しい変数の知識は使わず、文章の自動生成ができる方法を紹介しました。最初だけ少し手間はかかりますが便利な機能です。ぜひチャレンジしてください。

最後に、紹介した拡張機能だけでなく、まだまだたくさんの種類があり、日々の作業の効率化を進めてくれるヒントがたくさんあります。まずは試してみてください。

プロンプトの再利用をする拡張機能 「Superpower ChatGPT」

● この節のポイント ●

▶ Superpower ChatGPTでプロンプトの利活用をおこなう
▶ Superpower ChatGPTは他の人のプロンプトも参考にできる

● Superpower ChatGPTとは？

　一度作ったプロンプトを少しだけ変更して使いたいときはありませんか？せっかく納得いくプロンプトが作れても、メモ帳などで管理しないと履歴から探すのは大変です。また、目的の履歴を見つけても、開いたり、コピー&ペーストしたりで画面を行き来し、面倒です。

　Chromeの拡張機能である「Superpower ChatGPT」は、自分が作った過去のプロンプトや他人のプロンプトを保存し、ボタン一つで再利用することができます。

● Superpower ChatGPTの使い方

　Google検索でChromeの拡張機能を検索し、Superpower ChatGPTを探して追加・登録します。(4.1でChrome拡張機能の追加・登録の方法の詳細を説明していますので、参考にしてください)。

　追加ボタンを押すと画面が図4-5-1のように切り替わります。

▼図4-5-1 追加ボタンを押した後の画面

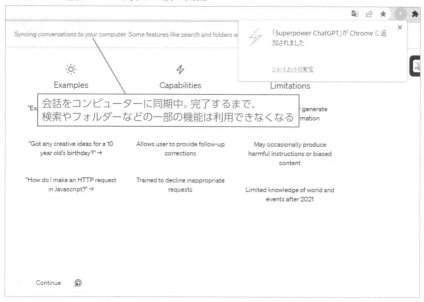

　上の黄色いバーには「会話をコンピューターに同期します。同期が完了するまで、検索やフォルダーなどの一部の機能は利用できなくなります。」というメッセージが書いてあります。

　その後、画面が切り替わり、図4-5-2のような黒い画面が表示されますが、ChatGPTに関しては不要のアナウンスになるため、そのまま無視してください。

　黄色いバーのメッセージの後ろに（3/21）とカウントをしている表示があります。カウントが終わるまで、そのまま待ちます。

▼図4-5-2　待機中の画面

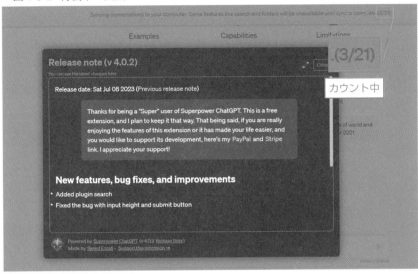

　追加が完了すると、「Superpower ChatGPT」が追加された図4-5-3の画面が表示されます。

▼図4-5-3　Superpower ChatGPT の追加画面

4

ChatGPTによるWebライティングの応用

Superpower ChatGPTでは、図4-5-4のように、右上のボタンを押すことで、出力される文章の言語やトーン、スタイルを変更できます。この条件設定により、特定の要件に合わせた文体を生成することができます。

▼図4-5-4　言語、トーン、スタイルの変更

●過去の自分のプロンプトを再利用

図4-5-5を見てください。左の黒いサイドバーにある「My Prompt History」は、自分の作った過去のプロンプトを再利用できる機能です。

▼図4-5-5　My Prompt History

▼図4-5-6　My Prompt History をクリックし、開いた画面

Superpower ChatGPT を追加した以降のプロンプトが、新しい順に表示されます。

サーチ機能があるため、目的のプロンプトを単語や数字などで検索すると、自動で検索結果を表示してくれます。次ページの図4-5-7では「Twitter」で検索しています。

▼図4-5-7　Twitterで検索し、結果が表示された画面

　右下の「Useボタン」をクリックすると、自動で新しいChatGPT画面が開き、図4-5-8のように、以前使用したプロンプトが入力された状態で表示されます。

▼図4-5-8　新しいChatGPT画面が開き、以前使用したプロンプトが入力されている

　この入力途中のプロンプトを微調整し、実行します。すると、図4-5-9のように生成してくれました。

▼図4-5-9 ChatGPTの回答

しっかり絵文字も入れて回答してくれました。また、Superpower ChatGPT は、文字数を自動でカウントしてくれます。今回は198文字でした（※SNSで 利用する際は、何に使用するかで文字数制限がありますのでご注意くださ い）。そのため、再度文字数の修正指示を与えるとよいでしょう。

ちなみに、ChatGPTの機能でも、一旦生成された文章を全体的に編集す ることができます。その場合、プロンプトの右上にある鉛筆マークをク リックするとプロンプトが編集できるようになりますので、条件など修正 し、「Save & Submit」をクリックします。

▼図4-5-10　プロンプトの編集

●生成結果をコピーする

　図4-5-11のように、生成結果をコピーする方法として、「Markdown」、「HTML」の2種類があります。「Copy」にカーソルをあわせると、候補が表示されますので、目的にあわせて使い分けてください。

▼図4-5-11　回答をコピーする方法

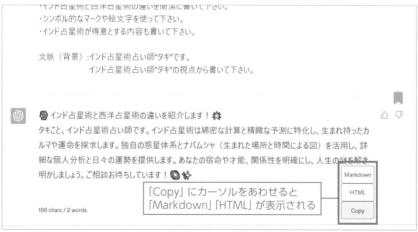

●生成結果を出力する

生成結果を出力する方法は「Markdown」、「Json」、「Text」の3種類があります。

「Export」にカーソルをあわせると、候補が表示されますので、目的にあわせて使い分けてください。

▼図4-5-12　回答をExportする方法

● My Prompt Historyのお気に入り機能

My Prompt Historyには、気に入ったプロンプトを「Favorites」に登録する機能もあります。

方法は、図4-5-13のようにリボンマークをクリックします。

▼図4-5-13 「Favorites」に登録する

「Favorites」をクリックすると、図4-5-14のように登録したプロンプトが表示されます。

▼図4-5-14 登録したプロンプトが表示された画面

●他の人が作成したプロンプトを参考にできる機能

左の黒いサイドバーにある「Community Prompts」は、他の人が作った
プロンプトを参考にできる機能です。

図4-5-15を見てください。

▼図4-5-15　Community Prompts

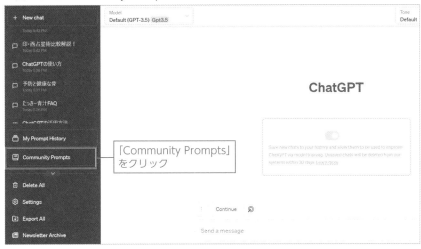

「Community Prompts」をクリックした画面で、図4-5-16のように「Search
by・・・」と続く窓に「SEO対策」とキーワードを入力します。

4

C
h
a
t
G
P
T
に
よ
る
W
e
b
ラ
イ
テ
ィ
ン
グ
の
応
用

▼図4-5-16 Community Prompts をクリックして検索した画面

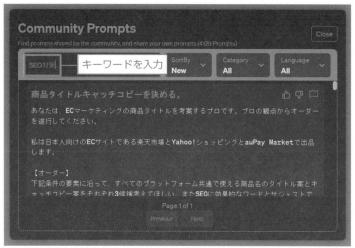

すると、「SEO対策」に関わるプロンプトを抽出してくれました。これからプロンプトを検討するうえでとても参考になります。

Superpower ChatGPTは、ChatGPTを活用して文章を作成するこれからの時代に強い味方になるでしょう。ぜひお試しください。

「WebChatGPT」で最新情報を組み入れる

● ━━━━━━━━━━ この節のポイント ━━━━━━━━━━ ●

▶ WebChatGPTを組み入れる

▶ WebChatGPTの特徴を理解する

● ━━━━━━━━━━━━━━━━━━━━━━━━━━━━━━━ ●

● WebChatGPTとは？

ChatGPTは2021年までの情報をもとに回答するため、最新情報を質問すると嘘の回答をする場合や、「申し訳ありませんが、私は2021年9月までの情報しか持っていないため、・・・」という回答になります。

この問題を解決する手段が2つあります。一つは有料プランで使えるWebブラウジング機能（※2023年6月現在、「ChatGPT Plus」への加入が必要）です。そしてもう一つが、無料で使えるChromeの拡張機能「WebChatGPT」です。WebChatGPTは、最新情報を組み入れたうえで生成してくれるツールです。

2021年9月以降のデータを調べることができる、最新データをもとに事実を確認することができるなど、調べ物をする際に適しています。

● WebChatGPTの設定

Chromeの拡張機能を開き、WebChatGPTを追加・登録します（4.1でChrome拡張機能の追加・登録の方法の詳細を説明していますので、参考にしてください）。WebChatGPTが追加されると、図4-6-1のような画面が表示されます（ちなみに、画面右上のアメーバー型のボタンをクリックすると、ツールバーに追加された拡張機能一覧が表示されます）。

▼図4-6-1　WebChatGPT の追加画面

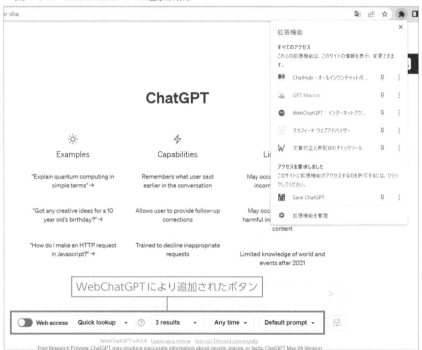

●追加されたボタンの説明

次の項目に沿って、設定変更をすることができます。

【Web access】

スライドボタンが付いていますので、利用しない時はオフにしておきます。

【Quick lookup】

プロンプトに基づいてインターネット上の情報を検索し、生成します。これにより、最新の情報を参照することができます。ちなみに、初期状態で「Quick lookup」に設定されていますが、Webページのタイトルや一部の文章を見て、簡単な質問に答えることができます。一部のページを参照にしているため、早く生成結果を得ることができます。

ここを「Partial insights」に変更すると、より詳しい回答を作ることができます。Webページ全体の内容や詳細を考慮した、前述の「Quick lookup」よりも詳しい回答が提供されます。

さらにもう少し上のレベルもあります。

それが、「Full insights」です。Webページ全体の内容や関連する情報を総合的に考えて、最も詳しい説明や回答を提供します。「Full insights」は「Quick lookup」や「Partial insights」よりも詳しい情報を生成することができます。

【3results】

検索結果を何記事組みこむかを意味します。「5 results」を選べば、5記事のデータを読み取ります。

【Any time】

Web検索の期間を意味します。「Past Day」は「1日以内」、「Past Year」は「過去1年以内」のデータを採取します。

【Default prompt】

使用するプロンプトを切り替えることができます。設定は、基本的に「Default prompt」で進めていきます。

4 ChatGPTによるWebライティングの応用

▼図4-6-2　3results部分を切り替える

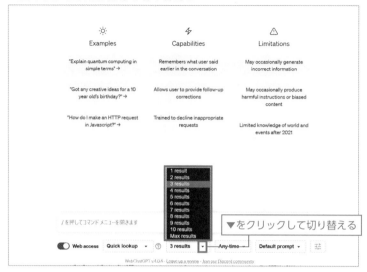

●実際にプロンプト入力して比較

WebChatGPTを使った回答と使わなかった回答を比較してみます。

▼図4-6-3　WebChatGPTをOFFにした場合の回答

このように、最新情報には答えられないとの回答になりました。

次に、WebChatGPT を ON にして、図4-6-4のように同じプロンプトを入力してみます。すると、図4-6-5のような生成結果となりました。

▼図4-6-4　WebChatGPT を ON にして使用したプロンプト

▼図4-6-5　ChatGPT の回答

2023年の日本の首相は岸田文雄（きしだ ふみお）です[2]。岸田文雄は2021年に自由民主党の党首選挙で当選し、2021年10月4日に第100代内閣総理大臣に就任しました。岸田内閣は2021年10月4日に発足し、現在も続いています[3]。

岸田文雄は内閣総理大臣として、経済財政運営の改革や成長戦略、外交・安全保障政策などの主要政策に取り組んでいます[3]。彼の政策の一部としては、新しい資本主義の実現や地方の変革、コロナ後の社会の開拓などがあります[3]。

また、2023年3月の行程情報によれば、岸田首相は3月31日に行政改革推進会議や数字田園都市国家構想実現会議、物流革新関連閣僚会議、触光立国推進閣僚会議などを開催しています[2]。さらに、3月29日には民主峰会や内閣総理大臣特別賞表彰式に出席し、3月28日には優れた高校生との面会や子供政策に関する会議に参加しました[2]。

岸田文雄首相は、内閣総理大臣として国内外の様々な課題に取り組みながら、日本の未来に希望を持たせる社会の実現を目指しています[3]──[3]をクリックすると参照URLへ移動する

　図4-6-5のように、2023年の総理大臣の名前を挙げてくれました。文章の後に表示されている[3]をクリックすると、参照したURLへ移動します。言い回しや情報に不安があるときは確認するとよいでしょう。

　何かを参照にする際、「ファクトチェック（Fact-checking）＝情報の確認を行うこと」が欠かせません。

　誤情報や偽情報が広まることを防ぎ、読者に対して正確で信頼性の高い情報を提供するためにも、WebChatGPTを利活用し、質の高い記事を目指してください。

第 **5** 章

コンテンツの品質向上に活かせるツールの紹介

文章を仕上げる工程において
活かせるツール

2つのチャットAIの回答を比較「Chat Hub」

● この節のポイント ●

▶ 複数チャットAIの回答を比較検討する

▶ Chat Hubを利活用する

●AI回答比較ツールの紹介

昨今、自然言語による「チャットAI」は数多く発表されています。中でも2023年6月時点で、ChatGPT（OpenAI）、BingAI（Microsoft）、Bard（Google）は有名です。

比較すると、それぞれに特徴があるようです。AIの情報量、バージョンなどによりそれぞれの回答が変わってきます。そんな中、今使っているチャットAIがベストな回答なのかを比較するツールがあります。

同じプロンプトを打ち込んで、比較・一元管理してくれるのが、「Chat Hub」です。Chat Hubは複数のチャットAIに同時に質問して、その結果を比較検討できるツールです。

●Chat Hubの使い方

Chromeの拡張機能を開き、Chat Hub　追加します。（4.1でChrome拡張期の追加・登録の方法の詳細を説明していますので、参考にしてください）。

画面右上に追加した拡張機能の一覧がありますので、「Chat Hub」をクリックしてください。

▼図5-1-1　拡張機能の一覧（右上）

Chat Hubをクリックすると画面が開きます。

▼図5-1-2　Chat Hubを開いた画面

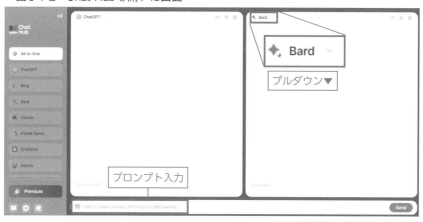

　操作について簡単に説明します。図では、ChatGPTとBardを並べていますが、この2つの画面が並んだ状態で使用してください。

　左右にある「▼ (プルダウンメニュー)」からBingなど他のツールを選択することもできます。

　なお、左側のメニュー一覧は「All-in-One」を選択していますが、この状態で左右2つの画面が同時に表示されます。しかし、メニュー一覧の「ChatGPT」を押すとChatGPTのみの画面に切り替わってしまうため、比較することができませんので、常に All-in-One のボタンが選択された状態で使用してください。

　図の一番下にある空欄部分へプロンプトを入力し、その右側の「送信」ボタンを押すと、ChatGPT と Bard が同時に回答を作成してくれます。

例：4.4で使用した「ChatGPTについてのPR文」のプロンプト

```
### 指示 ###
コラムタイトルとコラム文を作成してください。
コラム文は2000文字程度、丁寧なトーンで作成してください。

文脈 (背景):あなたはプロのWebライターです。
　　　　　　　プロのWebライター視点で記事を作成してください。

テーマ:ChatGPTの使い方
```

▼図5-1-3 プロンプトを入力

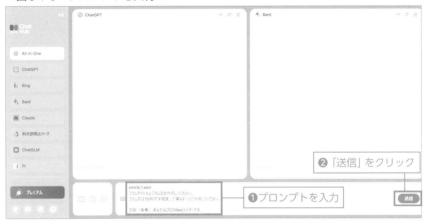

▼図5-1-4 ChatGPTとBardが同時に回答を作成

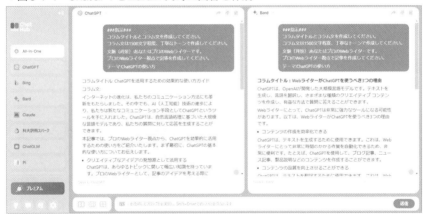

実際に生成してみると、文章の生成速度はBardが速いですが、ChatGPTの方が見やすいように感じます。内容はどちらも甲乙つけがたく、記事の目的や個人の好みで採用してよいと思います。

また、両方の良いところをチョイスすると、さらにより良い文章につながるのではないでしょうか。

5.2

プラグイン

● ━━━━━━━━━ ● この節のポイント ● ━━━━━━━━━ ●

▷ 便利な機能プラグインの導入方法

▷ 拡張機能との比較をする

●さらなる便利機能、プラグインについて

ChatGPT のプラグインとは、ChatGPT の機能を拡張またはカスタマイズするための追加機能のことを指します。2023年7月現在、650個以上のプラグインがリリースされ、活用されていますが、現状はChatGPTの有料プランに加入しているユーザーのみ使用できます。

これらのプラグインは、特定の目的やタスクに対してより効果的に生成するために、さまざまな機能を追加することができます。第4章で紹介した拡張機能は、ChromeによるChatGPTを使いやすくするためのツールでした。対して、プラグインはOpenAIが公式にリリースしています。

これまで他のツールと連携するにはAPIという仕組みが必要でしたが、プラグインを入れることで、簡単に連携できるようになりました。例えば、Webライティング関連では、「WebPilot」というプラグインでURLから記事を生成することができます。このように、新しい機能が追加され、より簡単に便利になっていくことでしょう。

使い方は、ChatGPT の有料プランに契約し、GPT-4からプルダウンして、「Plugins Beta」をクリックします。

▼図5-2-1　ChatGPTの有料プラン画面

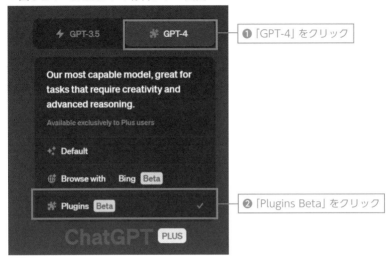

Plugins Betaをクリックし展開した画面に、Plugin storeが表示されます。これをさらにクリックします。

（※画面は既に2つのプラグインを追加している状態です）

▼図5-2-2　Plugin store

▼図5-2-3　Plugin store を展開した画面

　2023年7月現在で、650個以上のプラグインがあります。また、サーチ機能が追加となりました。

　必要なプラグインを追加し、有効化したら、通常どおりChatGPTへプロンプトを入力すると、プラグインが裏側で複雑なコードを実行し、適切な回答を返してくれるという仕組みです。

　プラグインの使用は、必ずしもすべてのユーザーにとって必要なものではありません。各プラグインの特徴を踏まえて、ユーザーの具体的なニーズや目的により使い分けることが大切です（2023年7月現在は、まだまだ玉石混交、有益なプラグインとそうでないものが混ざっています）。

　今後、ブログ記事やSNS記事の作成、SEO対策をする際にも便利なプラグインが出てくることは大いに期待できますので、興味のある方はぜひ試してみてください。

ChatGPTで作成した表を元にして、ホームページで活用する

● この節のポイント ●

▷ ChatGPT で表作成から、スプレッドシートへ貼り付ける

▷ ホームページに表やグラフを貼り付けて視覚的に情報を伝える

● Web媒体の参照図として活用する

　ChatGPT に売り上げデータを入力し、表形式で出力します。それを、スプレッドシートに貼り付け、グラフを作成します。その表やグラフをホームページへ貼り付けることができます。

　単調になりがちなホームページやブログを、文字だけではなく、視覚的に、直感的に情報が伝わるように表やグラフを活用します。見る人の理解もより深まることでしょう。

　ここからは、実際に売り上げデータを入力し、表を作成してもらいます。

▼図5-3-1 ChatGPTへ売り上げデータを入力、表作成

ChatGPTで作成した表をスプレッドシートへ貼り付け、グラフを作成します。

▼図5-3-2 元になるスプレッドシートの表とグラフ

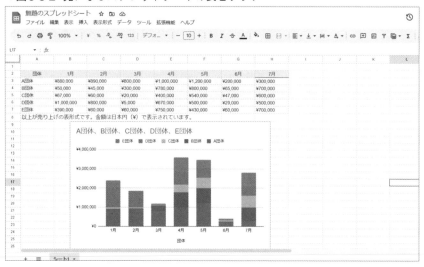

ChatGPTで作成した表をスプレッドシートへ貼り付ける場合は、ChatGPTについているコピーマークではなく（図5-3-1参照）、マウスで範囲指定してコピーするとうまくいきます。

作成したグラフは、図5-3-3のようにワードプレスなどHPで活用できます。

▼図5-3-3　ホームページのブログ投稿欄に表とグラフを挿入

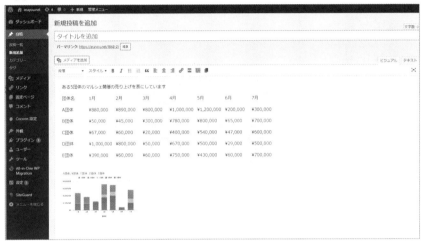

ちなみに、グラフは画像で一端ダウンロードしたものをアップロードしています。表はそのままコピペすると、図 5-3-3のようにテーブル形式で挿入されています。

▼図5-3-4 図5-3-3のコード

コンテンツを校正する
「editGPT」

●━━━━━━━ この節のポイント ●━━━━━━━●

▶ editGPT を利活用する

▶ コンテンツを仕上げる最終段階で誤字脱字をチェックする

●editGPTとは？

「editGPT」はChatGPTで生成された文章を校正してくれるChromeの拡張機能です。

通常、ChatGPTに対して、「下記の文章を校正して・・・」と指示すると、簡単に文章を校正してくれますが、どこが修正箇所なのかわかりにくいという欠点があります。

editGPTの設定については、これまでと同様に、Chromeの拡張機能を開き、editGPTを追加・登録します（4.1でChrome拡張機能の追加・登録の方法の詳細を説明していますので、参考にしてください）。

editGPTを導入した後のプロンプト例とその生成結果が図5-5-1と2です。

▼図5-4-1 ChatGPTに校正を依頼

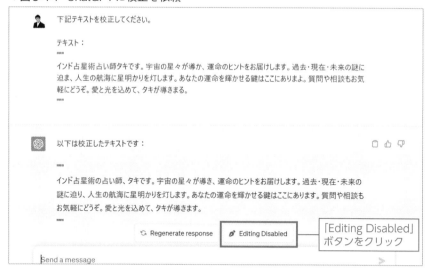

「Editing Disabled」というボタンが追加されています。そして、このボタンをクリックすると、修正箇所を図5-4-2のように指摘してくれます。

▼図5-4-2 「Editing Disabled」クリック後の画面

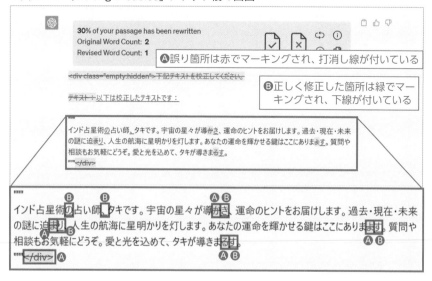

赤いマーキングで誤り箇所を指摘し、線で消されています。正しく修正した箇所を緑でマーキングし、アンダーラインが入っています。一目瞭然で違いが判別できました。

前述の通り、ChatGPTに校正をお願いした場合、どこをどのように改善してくれたのかが判別しづらいため、校正した箇所が気になる人は、editGPTの導入を推奨します。

Webライティングの仕上げに、校正作業が簡単に行えるツールをご紹介しました。

ぜひ使ってみてください。

最後に注意点をお伝えします。第4章を中心にChromeの拡張機能をご紹介しました。どれも有益ではありますが、拡張機能間で干渉しあい、ChatGPTの動作がおかしくなる場合もあるようです。あまり使わない拡張機能は削除するなど整理することをおすすめします。

5

コンテンツの品質向上に活かせるツールの紹介

索　引

あとがき

　本書では、プロンプト作成において重要な3つの観点、「形式」「言葉」「書き方」に焦点を当て、効果的な指示の方法を紹介しました。

　AIが進化したとはいえ、現時点でも、形式がAIの応答に大きく影響を与えています。

　だからこそ、指示とコンテキスト（文脈）を区別するために、プロンプトを「###」のような明確な印で指示として明示したり、指示から記述する方法も紹介しました。これらの手法によって、AIがより正確にプロンプトを理解しやすくなります（※検証した生成結果もあります）。

　将来的には形式への依存度は減少し、的確な言葉（表現・言い回し）を用いて具体的に記述することだけが、AIに理解してもらううえでの重要要素になると予想しています。

　しかし、このような進化が完全に実現するには、膨大なデータと強化学習などの高度な技術が必要であると考えられます。また、適切な指示を与えるために、ユーザー側にも十分な理解と表現力が求められることもあるでしょう。

　最後に、本書を読みながらAIとのコンテンツ作成について学んでいただければ幸いです。AIの進化によって、Webライティングの可能性がさらに広がることを期待しています。

　本書が皆様のビジネスにおいて役立つことを心より願っております。手に取っていただき、本当にありがとうございました。

2023年7月

瀧内 賢

●著者紹介

瀧内 賢 (たきうち さとし)

株式会社セブンアイズ代表取締役
本社：福岡市　サテライトオフィス：長崎市
※2022.5〜広島市にサテライトオフィス開設
福岡大学理学部応用物理学科卒業

SEO・DXコンサルタント、集客マーケティングプランナー
Webクリエイター上級資格者

・All Aboutの「SEO・SEMを学ぶ」ガイド
・福岡県よろず支援拠点コーディネーター
・福岡商工会議所登録専門家
・福岡県商工会連合会エキスパート・バンク 登録専門家
・広島商工会議所登録専門家
・長崎県商工会連合会エキスパート
・佐賀県商工会議所連合会専門家派遣事業登録専門家
・2023年度小規模事業者経営力向上支援事業スーパーバイザー
・佐賀県商工会連合会登録専門家
・摂津市商工会専門家
・くまもと中小企業デジタル相談窓口専門家
・熊本商工会議所エキスパート
・広島県商工会連合会エキスパート
・大分県商工会連合会派遣登録専門家
・鹿児島県商工会連合会エキスパート
・山口エキスパートバンク事業登録専門家
・北九州商工会議所アドバイザー
・久留米商工会議所専門家
・宮崎商工会議所登録専門家

著書に「これからはじめるSEO内部対策の教科書」「これからはじめるSEO顧客思考の教科書」（ともに技術評論社）、「モバイルファーストSEO」（翔泳社）、「これからのSEO内部対策本格講座」「これからのSEO　Webライティング本格講座」（ともに秀和システム）、「これだけやれば集客できる はじめてのSEO」（ソシム）、「これからのWordPress SEO内部対策本格講座」（秀和システム）がある。
ChatGPTなどDXセミナー・研修はこれまで100回以上。月間コンサルは平均120件前後。

■カバーデザイン / 本文イラスト

高橋康明

これからのAI×Webライティング
本格講座　ChatGPTで超時短・高
品質コンテンツ作成

発行日	2023年　9月　4日	第1版第1刷
	2024年　3月11日	第1版第3刷

著　者　瀧内　賢

発行者　斉藤　和邦
発行所　株式会社 秀和システム
　　　　〒135-0016
　　　　東京都江東区東陽2-4-2　新宮ビル2F
　　　　Tel 03-6264-3105（販売）Fax 03-6264-3094
印刷所　三松堂印刷株式会社　　　　Printed in Japan

ISBN978-4-7980-7074-2 C3055